El presente libro es una versión facsimilar de la edición original de El Colegio de México, que ha sido rescatada mediante un trabajo profesional de escaneo para mantener la obra en circulación.

AF818229

LA INDUSTRIA DEL GAS NATURAL EN MÉXICO, 1970-1985

PROGRAMA DE ENERGÉTICOS

Miguel H. Márquez D.

LA INDUSTRIA DEL GAS NATURAL EN MÉXICO, 1970-1985

con la colaboración de
Sotero Prieto

EL COLEGIO DE MÉXICO

Primera edición, 1989
D.R. © El Colegio de México
Camino al Ajusco 20
Pedregal de Santa Teresa
10740 México, D.F.

ISBN: 968-12-0407-7 (versión original) 978-968-120-407-5 (versión facsimilar)

Impreso en México/*Printed in Mexico*

ÍNDICE

Presentación	7
Introducción	9
I. Una visión global	13
Panorama mundial del gas natural, 16	
II. El gas natural en México	21
1. Breve historia de actividades, 21	
2. Balance energético y gas natural en 1970, 26	
3. Problemas de la industria del gas a inicios de los setenta, 30	
III. Aspectos básicos de la industria del gas natural, 1970-1985	37
1. Producción, reservas y aprovechamiento, 37	
2. Transporte, 86	
3. Ventas internas y comercio exterior, 110	
IV. Estudio de casos	125
1. Venta de gas mexicano a Estados Unidos: las negociaciones y el vicio de origen, 125	
2. El gasoducto de 48 plg Cactus-Reynosa, 149	
3. Reservas probadas de gas natural: una revisión necesaria de las cifras estimadas, 154	
V. Perspectivas	159
VI. Conclusiones	163
Anexo estadístico	169
Abreviaturas y símbolos de unidades	209
Índice de cuadros, gráficas y mapas	213
Fuentes bibliográficas	219

PRESENTACIÓN

Este estudio forma parte del ambicioso proyecto de investigación del Programa de Energéticos de El Colegio de México, acerca de la industria petrolera, el Estado y el sindicato petrolero entre 1970 y 1985, iniciado hace cinco años. Hasta la fecha han aparecido en esta serie: *El sindicato de trabajadores petroleros y sus relaciones con Pemex y el Estado, 1970-1985*, de Angelina Alonso y Carlos Roberto López; *Exploración, reservas y producción de petróleo en México, 1970-1985*, de Ana María Sordo y Carlos Roberto López; *La industria petroquímica básica en México, 1970-1982*, *El comercio exterior de hidrocarburos y derivados en México, 1970-1985* y *La industria de refinación en México, 1970-1985*, de Michele Snoeck y *La formación de la política petrolera en México, 1970-1986*, de Isidro Morales, Cecilia Escalante y Rosío Vargas.

Están en la fase final otros cuatro estudios de la misma serie: *Las finanzas de Petróleos Mexicanos, 1970-1985*, de Óscar M. Guzmán; *La capacidad nacional en tecnología petrolera y las importaciones tecnológicas del sector de hidrocarburos*, de Rogelio Ruiz; *Abastecimiento de hidrocarburos al mercado interno de México, 1970-1985*, de Sotero Prieto y Ana María Sordo y *Pemex en el contexto de las empresas petroleras estatales latinoamericanas: un análisis comparativo*, de Carlos Roberto López. El proyecto en su conjunto es el primero en América Latina —y tal vez en el mundo en desarrollo— que analiza con tanta profundidad una gran empresa petrolera estatal en vista de su importancia crucial en el desarrollo económico de un país del tamaño de México.

El libro de Miguel Márquez analiza, de manera minuciosa, la aparición en México, alrededor de 1970, de una importante fuente energética, hasta ese entonces considerada subproducto de la industria petrolera: el gas natural. Desde mediados de los años cuarenta, el gas natural desempeñaba un papel marginal en los balances energéticos del país tanto por su escasa disponibilidad como por el hecho de que, al igual que sucede en otros países en desarrollo que son grandes productores de hidrocarburos, la mayor parte del gas natural asociado al crudo era enviado a la atmósfera.

El descubrimiento de grandes reservas de hidrocarburos a mediados de los años setenta en el sureste del país, tierra adentro y tierra afuera, hizo que Pemex diese prioridad a la exploración y procesamiento de crudos para los mercados interno y externo, relegando a un segundo plano la explotación y utilización del gas natural.

A partir de esos años, la producción de gas natural aumentó en forma considerable, y en la misma medida lo hizo su consumo, y por ende se ampliaron las redes de transporte y distribución.

Las dificultades financieras de Pemex, posteriores a la crisis de 1982, pusieron un freno a sus actividades exploratorias, lo que se ha traducido en los últimos años en una paulatina reducción de los volúmenes producidos de gas natural. La futura expansión de la industria del gas dependerá tanto del ritmo de la recuperación económica del país en el marco de la crisis como de la asignación de recursos financieros y humanos a las actividades de exploración y explotación de hidrocarburos en su conjunto. En la situación actual, las posibilidades de tal asignación parecen sumamente inciertas.

El estudio que ahora se presenta no podría haberse realizado sin la colaboración permanente del ingeniero Sotero Prieto, en particular en la sección relativa al transporte del gas natural, que está basada en el trabajo que sobre ese tema elaboró este investigador del Programa. Además se contó con la muy generosa ayuda del resto de los investigadores y en particular de Ana María Sordo, Michele Snoeck y Óscar M. Guzmán, así como de funcionarios del Instituto Mexicano del Petróleo y de Pemex, expertos en la materia. Todas estas personas, así como aquellas que laboran en el Centro de Documentación y forman parte del apoyo secretarial del Programa, merecen nuestro profundo agradecimiento.

MIGUEL S. WIONCZEK†
Coordinador del
Programa de Energéticos

INTRODUCCIÓN

Aunque más tardía que la explotación del petróleo, la explotación del gas natural, en México, adquiere importancia desde principios de los cincuenta con el impulso otorgado a la industria petroquímica y en 1970, año elegido como punto de partida del presente estudio, el gas natural cuenta ya con algo más de 30% como fuente de energía primaria. Tal cifra indica en forma inequívoca, por un lado, la relevancia que en términos económicos adquiere este energético a principios de los setenta, y por otro, un esfuerzo desplegado a lo largo de años, a no dudar extraordinario, por parte de Pemex y diversos agentes involucrados en términos de establecimientos de mercados, centros de procesamiento, líneas de conducción y actividades exploratorias.

La explotación, aprovechamiento y utilización del gas natural a niveles significativos, incluso desde antes de los setenta —ya sea por la cuantía de recursos que estas actividades han involucrado, por los niveles de producción o incluso comparado con otros países de América Latina—, permite que pueda hablarse del establecimiento de una verdadera industria de gas natural en el país. Esto justifica el nombre otorgado al estudio, puesto que éste aborda todos los aspectos relativos al uso industrial del gas natural, amén de analizar, desde el punto de vista de la economía política, la eficiencia con que esta industria ha funcionado y la trascendencia política que ha tenido particularmente durante el decenio de los setenta.

El estudio ha sido dividido en capítulos y estudio de caso, cuyas presentaciones exigen previamente algunas aclaraciones de índole metodológica.

La primera de ellas es la que se refiere a la división, en sexenios, del punto 1 del capítulo III: aspectos básicos de la industria del gas natural, 1970-1985, punto que aborda tres aspectos esenciales de esta industria a saber: producción, reservas y aprovechamiento. Tal división fue elegida por dos razones; la primera, porque tal como se menciona en la presentación de este estudio, éste forma parte de un proyecto más vasto al cual se abocó el Programa de Energéticos de El Colegio de México, y en el cual, desde los inicios, se vio la conveniencia de efectuar esta división sexenal en casi todos los temas que el proyecto abordaría, porque han sido aquellos momentos en que nuevas políticas, planes y programas han sustituido a los anteriormente adoptados, y la segunda porque el descubrimiento de vastos y ricos yacimientos de hidrocarburos en 1976 —conocidos desde 1974—, dio pie a que desde los inicios del sexenio de López Portillo (segundo sexenio abarcado por el estudio), se dieran cambios trascendentales no sólo en el sector de energéticos, por ende en la industria del gas natural y Pemex, sino en toda la vida económica, social y política del país.

La segunda aclaración obligada se refiere a la dificultad que representó obtener la información necesaria para elaborar el estudio. A pesar de la amplia cooperación de Pemex y del Instituto Mexicano del Petróleo, las dificultades de la investigación se debieron principalmente a la ausencia de registros confiables, estudios y datos que impidieron abordar ciertos temas con el rigor y la profundidad debidos. Esto explica a su vez el análisis algo desequilibrado en términos de espacio, datos y cuadros estadísticos concedidos a uno u otro tópico.

El problema de información disponible aludido explica además, parcialmente, la ausencia de un estudio más profundo y acabado acerca del problema de costos del gas natural sobre el cual sólo se hacen referencias parciales a lo largo del estudio. Este problema, esencial para evaluar los grados de eficiencia con que ha funcionado Pemex en lo relativo a la explotación y aprovechamiento del gas natural, por lo complejo, habría requerido de un esfuerzo más que adicional que aún resta por efectuar.

La tercera y última aclaración por hacer se refiere al hecho de que, en la medida en que uno de los tantos temas que abordó el proyecto de investigación global fue el problema de la formación de políticas, planes y programas en forma específica, en este estudio referente al gas natural se ha hecho referencia a estos aspectos sólo en la medida en que su inclusión ha sido considerada como más que necesaria tanto para el contexto global como para, a la luz de lo sucedido a lo largo de cada sexenio, poder evaluar los resultados obtenidos teniendo presentes los objetivos y metas propuestos.

El primer capítulo del estudio contiene tanto definiciones básicas relativas al gas natural como un breve pero esencial análisis del gas natural a nivel mundial.

En el capítulo II se destacan momentos importantes de la historia del gas natural, los que a guisa de antecedentes permiten, por un lado, evaluar el papel creciente que comienza a desempeñar el gas natural en el balance energético a principios de los setenta y, por otro, identificar y exponer los problemas a los que la industria de este hidrocarburo habría de hacer frente a inicios del mismo decenio.

El capítulo III constituye la parte central y más importante del estudio. En él, como su nombre lo indica, se abordan los aspectos esenciales de la industria del gas natural, a saber: producción, reservas, aprovechamiento, transporte, ventas internas y las ventas al exterior.

Para todos estos puntos mencionados necesariamente hubo que analizar y evaluar los planes y programas —en cada uno de los sexenios abarcados por el estudio— cuando éstos fueron formalmente delineados o, en su defecto, deducirlos cuando sólo eran parte, o resultaban implícitos, de políticas globales adoptadas para la industria petrolera en su conjunto.

De estos aspectos básicos, tres son los que destacan por su importancia mayor, a saber: la producción, las reservas y el aprovechamiento del gas natural. Por eso esta parte del estudio abunda en datos, información y análisis, particularmente en lo relativo a las actividades exploratorias, de explotación y aprovechamiento de este hidrocarburo. El resultado fueron tres secciones cuyos títulos hablan por sí solos: el difícil camino de la autosuficiencia y del aprovechamiento del gas natural, 1970-1976; de la autosuficiencia a la abundancia, 1976-1982, y de la abundancia a la restricción, 1982-1985.

El capítulo IV está dedicado al estudio de casos relativos a la venta de gas mexicano a Estados Unidos entre los años 1977 y 1979 y a la construcción del gasoducto de 48 plg entre Cactus-Reynosa, para poder materializar los supuestos envíos masivos de gas natural al vecino país del norte. El tercer estudio de caso, relativo a las actuales reservas probadas de gas natural, fue incluido en este capítulo tanto por el carácter polémico que el tema aún posee, como por el hecho de que incluso los argumentos que en el estudio se presentan, así como los documentos allí citados que sugieren que las reservas probadas de gas natural a la fecha dadas a conocer por Pemex podrían no ser realmente las que efectivamente se poseen, no son concluyentes.

En el capítulo V se exponen las perspectivas del gas natural en México a corto y mediano plazos, las que si bien, en términos generales, dan cuenta de un cuadro a lo menos preocupante, con respecto a los futuros niveles de producción y por ende las implicaciones que esto podría tener en el consumo de gas natural, también advierten que tal tendencia puede ser revertida de tomarse en cuenta el hecho, por un lado, de que sólo 25% del territorio con posibilidades de acumulación de hidrocarburos ha sido explorado y por otro, de que la estricta aplicación de programas de conservación y uso eficiente de la energía ciertamente atenuaría la presión que existe sobre la oferta del recurso y se tendería, de este modo, a corregir una estructura de consumo deformada con respecto a la real disponibilidad de gas natural.

El estudio concluye señalando que pese al extraordinario incremento logrado en la producción de gas desde mediados de los setenta durante el llamado "boom petrolero", a partir de 1982 se inicia un paulatino pero sostenido descenso. Lo sorprendente de este fenómeno es que las reservas probadas por lo menos hasta 1983 continuaron aumentando y los descensos registrados posteriormente son casi imperceptibles. Esta peculiar relación entre reservas probadas y producción de gas natural hace oportuno realizar una revisión adecuada de aquéllas, elemento sin duda esencial para poder estudiar y evaluar opciones destinadas a hacer menos agudo el problema de una producción estancada, frente a un consumo creciente. Finalmente, el estudio señala que la adopción de políticas de precios "realistas", o en otras palabras, de aumentos de precios escalonados del gas natural, no puede por sí sola corregir deformaciones profundas de la estructura de consumo; para eso es menester no sólo canalizar recursos mayores a las actividades exploratorias, sino además impulsar programas eficaces y realistas que estimulen un uso más eficiente del gas no sólo en la economía en su conjunto, sino también en la industria petrolera misma.

I. UNA VISIÓN GLOBAL

El gas natural es un energético primario, mezcla natural de hidrocarburos gaseosos, cuyo principal componente es el metano el cual puede representar hasta 99% en algunos tipos de gas natural, mientras que en otros puede ser de 80% o menos. Contiene además otros componentes de hidrocarburos como etano, propano y butano, presentes en concentraciones decrecientes. Pueden encontrarse también otros gases no hidrocarburos como dióxido de carbono, helio, sulfuro de hidrógeno y nitrógeno. A un gas natural que contiene compuestos de azufre y óxido de carbono (CO) se le denomina gas amargo en contraposición al gas dulce que no posee tales compuestos. Cuando el gas natural contiene cantidades apreciables de hidrocarburos, fácilmente condensables (tales como etano, propano y butano), se le llama húmedo, mientras que si éstos están presentes en cantidades pequeñas se le llama seco.

La producción y uso del gas natural surge básicamente como resultado de la explotación del crudo, amén de otras razones adicionales específicas para cada una de las dos actividades mencionadas. En sus orígenes el gas natural fue un subproducto no deseado de la explotación petrolera en la medida en que la mayoría de los yacimientos se encontraba asociado al crudo extraído, lo que algunas veces generaba peligrosas condiciones para las actividades perforatorias y de producción. De hecho, tuvieron que pasar algunas décadas para que la industria petrolera tomase conciencia de que la existencia del gas natural y la presión que éste ejercía en los yacimientos posibilitaba la recuperación del petróleo, lo que más tarde permitiría acelerar el desarrollo de la industria petrolera, coadyuvando a que se conformaran los patrones en el uso de energía, que hoy en día se conocen a nivel mundial.[1]

Pese a que el gas natural posee una larga historia como fuente de

[1] Existe una amplia bibliografía que da cuenta de los orígenes de la industria del gas natural en el mundo y en algunos países en particular; entre otros destacan: Tussing, Arlon, R. y Barlow, Connie C., *The Natural Gas Industry. Evolution, Structure and Economics*, Ballinger Publishing, Co., Cambridge, Massachusetts, 1983; British Petroleum, *Gas Making and Natural Gas*, Londres, 1972; Peebles, Malcom W. H. *Evolution of the Gas Industry*, MacMillan, Londres, 1980; Russel, Jeremy, *Geopolitics of Natural Gas*, Ballinger Publishing, Co., E.U. 1983; Campbell, Robert W., *Trends in the Soviet Oil and Gas Industry*. The Johns Hopkins University Press, Baltimore y Londres, 1976.

energía, hasta hace relativamente pocos años una parte del gas natural asociado era quemado o enviado a la atmósfera y la mayor parte era reinyectado al yacimiento y/o utilizado para la extracción de petróleo en la llamada operación de bombeo neumático, también conocido como *gas lift*. Los niveles de utilización de aprovechamiento del gas natural en el mundo no eran ni son iguales para los distintos países o regiones poseedoras de yacimientos gasíferos. Éste ha dependido de varios factores que van desde la magnitud o riqueza de los yacimientos descubiertos hasta el grado o nivel de desarrollo alcanzado por los usos otorgados al gas en el sector eléctrico y particularmente en el industrial.[2]

El desarrollo del mercado del gas adquiere importancia en los años sesenta gracias a significativos e importantes descubrimientos de reservas. Su mayor disponibilidad, así como la reducción en términos relativos de los costos para su producción, aprovechamiento y transporte, y el desarrollo de las tecnologías ligadas a dichas actividades, darían un fuerte estímulo a la naciente industria del gas en muchos países. El crecimiento y expansión en el uso del gas natural, ya no sólo como fuente de energía, sino también como materia prima o insumo en la industria, fue seguido de un incremento del comercio internacional y del transporte a largas distancias, con el fin de complementar las producciones nacionales frente a las crecientes, aunque localizadas, necesidades internas.

En la medida en que a menudo el petróleo y el gas natural se encuentran juntos, la tecnología utilizada para la exploración, producción y procesamiento es similar para ambos productos, y pese a que en general las estructuras institucionales de las cuales se dotan las empresas en distintos países consisten en gran parte de las mismas entidades,[3] el

[2] En general, hasta antes de la Segunda Guerra Mundial, la mayor parte del gas natural asociado era quemado en países que actualmente son grandes productores y consumidores de dicho hidrocarburo. Tal es el caso de Estados Unidos, Unión Soviética y Canadá. La posterior difusión y desarrollo de la industria transformadora del gas natural, en dichos países, facilitaría su penetración en el mercado de la energía y estimularía el aprovechamiento que hoy en día es cercano al técnicamente factible. En el otro extremo se sitúan los países del Medio Oriente, que sólo a partir de los sesenta —algunos de ellos— y principios de los setenta —otros—, dan los primeros pasos para el aprovechamiento parcial del gas asociado. Aun a inicios de 1980, dos tercios de los 200 mil millones de metros cúbicos anuales, producidos por los países de la OPEP eran quemados (*Petroleum Economist*, septiembre de 1980, vol. XLVII, núm. 9, p. 378). Para mayores antecedentes acerca del aprovechamiento de gas natural en algunos países, véase Pemex, Subdirección Técnica Administrativa, "Monografía sobre Arabia Saudita", enero de 1982, pp. 35-49 y *Financial Times*, 5 de mayo de 1981; *Financial Times*, 23 de junio de 1980 (para el caso de los Emiratos de Abu-Dhabi y Dubai); *Financial Times*, 3 de mayo de 1980 (Indonesia); *Financial Times*, 2 de noviembre de 1981 (Nigeria); Pemex, Subdirección Técnica Administrativa, "Monografía sobre Qatar", julio de 1982, pp. 24-29, Petróleos de Venezuela, S.A., *Perspectivas del Gas Natural en Venezuela, 1982-2000*, mayo de 1982.

[3] Mortimer, Glenn W., *Issues in Natural Gas Production and Utilization*, Chem System Inc., Tarryton, Nueva-York, E.U., 1984.

grado de integración vertical en la industria del gas natural es limitado con respecto a la industria petrolera.[4] Las principales razones que explican tal diferencia surgen de los aspectos económicos relativos al transporte y tratamiento del gas natural, la inflexibilidad que presenta la producción y comercialización del gas natural con respecto a la del petróleo y finalmente el papel directo desempeñado por los Estados en las ventas finales de gas natural.[5]

Los costos de producción varían por razones técnicas (diferencias climáticas, dificultades que presenta el terreno en el cual se opera, rendimiento por pozo, etc.) y, en forma mucho más importante, por el hecho de que parte del gas (asociado) es obtenido como un subproducto o derivado de la producción de crudo. Pero con frecuencia, el mayor peso en los costos está representado por su transporte al mercado. En efecto, debido a la baja densidad del gas natural, los gasoductos resultan más caros que los oleoductos,[6] y más caro aún es su transporte marítimo, ya que se requieren instalaciones portuarias y sofisticados medios para su licuefacción y regasificación.

Virtualmente, es decir, sin considerar costos ni problemas ecológicos, toda aplicación de gas natural o de algún derivado de éste, puede ser sustituida por la de un producto del petróleo. Esto explica el hecho de que, en la mayoría de los casos, la infraestructura haya sido instalada y construida teniendo en cuenta el uso de productos petroleros. El sustancial incremento de los precios entre 1972 y 1982 cambió la situación económica relativa del uso del gas, tornando atractiva y justificada su explotación y uso en situaciones que antes no lo eran. De este modo, desde mediados de los setenta, el gas natural se vuelve, más que antes, una alternativa importante respecto al petróleo. A eso se suma su limpieza comparada con otros combustibles fósiles, y las ventajas que su uso ofrece en varias aplicaciones, debido a su capacidad de ser fácilmente regulado para quemar con alta eficiencia.[7] No obstante, la otra cara de la medalla la constituyen los elevados montos de inversión que exigen las actividades de transporte y distribución, sobre todo a largas distancias; el incremento en los costos reales para encontrar y desarrollar las reservas de gas natural en el mundo, debido a los relativamente altos

[4] Para el caso de la industria gasera norteamericana, véase Tussing, Arlon R. y Connie C. Barlow, *op. cit.*, capítulo 8. La excepción la constituyen las empresas nacionales estatales como Pemex.

[5] Davis, Jerome D., "The Political Economy of European Natural Gas Markets", *Cooperation and Conflict*, núm. XVII, Londres, 1983, pp. 3-20.

[6] Por unidad de energía (BTU o kcal) conducida resulta más costoso un gasoducto que un oleoducto para crudo ligero.

[7] International Energy Agency (IEA), *Natural Gas Prospects*, OECD, París, 1986, especialmente el capítulo VI, "Environmental Effects of Natural Gas Production, Transport and Use".

costos de producción en campos marinos, y el incremento en los costos que acarrean perforaciones a profundidades mayores en tierra. Obviamente, esta afirmación se vuelve relativa en lo que a distribución y transporte se refiere, cuando se dispone de elevados volúmenes de gas (mayores de 1 000 MMPCD), en cuyo caso su distribución es conveniente, más atractiva y menos problemática que en el caso del combustóleo o la energía eléctrica.

Panorama mundial del gas natural

Durante los últimos diez años, la producción y el consumo de gas natural, a nivel mundial, han crecido en forma sustancial, reflejándose en el paulatino incremento de su participación, en la demanda de energía primaria mundial: 17.7 en 1975 y 19.2% en 1985.[8] Fenómeno similar sucedió con su comercio internacional.

En 1985, la producción mundial (excluye gas quemado, reciclado o desperdiciado) alcanzó casi los 165 MMMPCD o 1 535.5 MMTPE, lo que significó un aumento de 3.1% con respecto a 1984 y alrededor de un 35% con respecto al total producido en 1975 (cuadro I.1). Por su parte, el consumo fue de 160 000 MPCD o 1 491.8 millones de TPE (cuadro I.2), elevando su participación en el consumo de energía primaria mundial a un poco más de 20 por ciento.[9]

Por lo que respecta a las reservas probadas,[10] éstas totalizaban, en 1985, 3 468.8 billones de pies cúbicos (BPC o 10^{12} PC). La participación por regiones en el total de reservas probadas de gas natural en el mundo, y la relación reservas/producción a fines de ese año son:

	%	*R/P (años)*
América del Norte	8.6	15.5
América Latina	5.4	71.0
Europa Oriental	6.5	35.3
Medio Oriente	24.6	*
África	5.7	*
Asia y Australasia	4.6	50.9
Países socialistas	44.6	60.5
Total	100.0	57.6

* Más de 100 años
Fuente: B.P. *op. cit.*, p. 22.

[8] Tal cifra habría aumentado a 20% en 1986. Véase *International Gas Report*, núm. 85, 17 de julio de 1987, *Financial Times*, Londres, 1987.

[9] Véase el cuadro 1 en el anexo estadístico.

[10] Véase el cuadro 2 en el anexo estadístico.

Cuadro I.1
Producción mundial de gas natural[a] por regiones, 1975-1985
(millones de toneladas de petróleo equivalente-MMTPE)[b]

	1975	*1980*	*1984*	*1985*	*Cambio en 1985 con respecto a 1986 (%)*	*Total (%)*
América Latina[c]	42.7	60.4	69.0	67.9	—1.6	4.4
América del Norte	559.6	564.1	505.6	489.2	—3.3	31.9
(Estados Unidos)	(409.7)	(495.0)	(443.7)	(422.3)	(—4.8)	(27.5)
(Canadá)	(68.9)	(69.1)	(61.9)	(66.9)	(+ 8.0)	(4.4)
Asia y Australia	26.0	52.1	81.0	83.2	+ 2.8	5.3
Europa Occidental	136.8	157.7	152.0	156.4	+ 3.0	10.3
Medio Oriente	36.7	42.0	44.5	45.7	+ 3.1	3.0
África	12.7	26.8	39.5	42.1	+ 6.8	2.8
Países con economías centralmente planificadas	318.1	443.6	598.3	650.8	+ 8.8	42.3
(URSS)	(260.4)	(380.2)	(528.4)	(578.6)	(+ 9.5)	(37.7)
Total mundial	1 132.6	1 346.7	1 489.9	1 535.3	+ 3.1	100

[a] No incluye gas quemado, reciclado o desperdiciado.
[b] 1 MMTPE equivale aproximadamente a 39.2 × 10^9 pies cúbicos y 40 × 10^{12} BTU.
[c] Excluye a Cuba.
Fuente: B.P. *Statistical Review of World Energy*, junio de 1986.

A fines de 1985, el mayor productor de gas natural era la Unión Soviética[11] y el segundo, Estados Unidos.

Ambos representaban un poco más de 65% del total producido en el mundo. Por orden de importancia, estos países eran seguidos por Canadá, Holanda, Reino Unido, Argelia, Indonesia, México, Noruega y otros, cuyas respectivas participaciones van muy a la zaga de los dos primeros países mencionados.[12]

En 1983, México ocupaba el quinto lugar en la lista de mayores productores y encabezaba aquella de países en desarrollo. En 1985, descendió al octavo lugar siendo desplazado, entre otros, por países como Argelia e Indonesia, según las fuentes citadas en el cuadro I.2. Por su parte los mayores consumidores de gas natural en el mundo son: Unión So-

[11] De acuerdo con las cifras expuestas en el cuadro I.2, el incremento en la producción en la Unión Soviética, en sólo 10 años, fue extraordinario en comparación con lo sucedido con el crudo, por lo que el gas natural en dicho país se ha constituido, con mayor fuerza que en otros, en la fuente alternativa más importante entre el crudo y otras fuentes de energía a fines de siglo. Véase Cambridge Energy Research Associates, *The Soviet Union and World Energy Markets. Part One: Gorbachov's Energy Crisis*, Private Report, Cambridge, Massachusetts, /1985.

[12] Véase el cuadro 3 en el anexo estadístico.

Cuadro I.2
Consumo de gas natural por regiones, 1975-1985
(millones de toneladas de petróleo equivalente-MMTPE)[a]

	1975	*1980*	*1984*	*1985*	*Cambio en 1985 con respecto a 1984 (%)*	*Porcentaje del total*
América Latina[b]	39.2	53.8	64.4	69.9	+ 8.4	4.7
América del Norte	541.5	556.4	514.2	494.9	—3.8	33.2
(Estados Unidos)	(498.4)	(507.1)	(466.4)	(444.5)	(—4.7)	(29.8)
(Canadá)	(43.1)	(49.3)	(47.8)	(50.4)	(+ 5.4)	(3.4)
Australasia[c]	4.9	9.8	14.3	12.5	+ 7.0	0.8
Japón	7.7	23.4	33.6	36.0	+ 7.1	2.4
Europa Occidental	151.2	181.0	185.6	192.5	+ 3.7	12.9
Otros países con economía de mercado[d]	42.7	65.5	95.4	101.2	+ 5.7	6.8
Países con economías centralmente planificadas[e]	297.3	418.2	536.6	518.6	+ 8.4	39.0
(URSS)	(230.0)	(328.0)	(435.0)	(477.2)	(+ 9.7)	(32.0)
Total mundial	1 084.5	1 308.1	1 441.1	1 491.8	+ 3.3	100

[a] 1 MMTPE equivale aproximadamente a 39.2 × 10^9 PC y 40 × 10^{12} BTU.
[b] Incluye a México, el Caribe, América y el centro de Sudamérica; se excluye a Cuba.
[c] Incluye a Australia y Nueva Zelanda.
[d] Incluye a Chipre, Gibraltar, Malta, Medio Oriente, África, sur de África y el sudeste asiático.
[e] Incluye a China y el resto de países socialistas.
Fuente: B.P. *op. cit.*, p. 24.

viética (447.2 MMTPE) y Estados Unidos (444.5 MMTPE), cuya participación conjunta, en el consumo mundial de gas natural, asciende a cerca de 62% del total.[13]

A pesar de las dificultades que afrontó el comercio internacional de gas (debido a la disminución de la demanda de energía, disputas entre vendedores y compradores del gas, el precio y la incertidumbre que rodea a este mercado en términos de seguridad en el aprovisionamiento), éste se ha incrementado en forma considerable desde 1980.[14] Según estimaciones, el comercio internacional de gas natural tendería a mantenerse a un nivel similar al actual en el corto plazo para aumentar a fines de siglo; esto, suponiendo un incremento sustancial en los precios del gas natural —y por ende del crudo— que permitan la explotación de las reservas de algunas regiones, particularmente del Medio Oriente.[15]

[13] Véase el cuadro 4 en el anexo estadístico.
[14] Mossavar-Rahmani, Bijan (ed.), *Natural Gas Trade in Transition*, Energy and Environmental Policy Center, Harvard University, Cambridge, Massachusetts, 1987.
[15] "Prospects for Natural Gas Trade", *Petroleum Economist*, Londres, mayo, 1986.

La existencia de un comercio internacional de gas no significa necesariamente que exista un mercado mundial, al menos con las características que en el caso del crudo éste posee.

En primer lugar, y pese al aumento sostenido de los volúmenes de gas vendidos a nivel internacional, éstos son aún pequeños comparados con los del crudo y modestos respecto a la producción mundial de gas. A fines de 1985, el total de gas comercializado internacionalmente no superaba 15% del consumo. Del volumen comercializado a través de las fronteras, cuatro quintas partes fueron transportadas por gasoductos y el resto por vía marítima.[16]

En segundo lugar, ni las exportaciones ni las reservas están concentradas en una sola región, como sucede con el Medio Oriente en el caso del crudo. A fines de 1985, cerca de tres cuartas partes del total del gas exportado provenía de cinco exportadores situados en distintas regiones: Unión Soviética (30.1%), Holanda (18.2), Canadá (11.4), Noruega (11.3) y Argelia (9.4%). Los importadores más importantes aparte de Japón (16.3) y Estados Unidos (11.7%), eran países de Europa Occidental.[17]

Lo que en realidad es determinante en las diferencias entre las exportaciones de gas y las de crudo, y por ende lo que explica la ausencia de un mercado mundial generalizado para el primero, proviene de los altos costos involucrados por los proyectos de exportación y los plazos necesarios para que éstos se vuelvan operativos, plazos frecuentemente más largos que los necesarios para el crudo.

Consecuencia directa de los enormes costos involucrados y los largos plazos o periodos durante los cuales son llevados a cabo los proyectos, es que resultan específicos para importadores y mercados bien definidos de antemano. Eso explica por qué, tanto los buquetanques o barcos gaseros como los gasoductos, hacen inflexibles o rígidas las limitadas redes instaladas.[18]

Otra razón que da cuenta de las diferencias existentes entre el comercio internacional de gas natural y de crudo se origina en los costos de transporte algunas veces prohibitivos del primero, ya sea por gasoductos o buquetanques. Esto hace sólo económicamente viable un número restringido de ventas al exterior, en particular en el caso del comercio de gas natural licuado (GNL).

Finalmente, la división del mundo consumidor de gas natural en cuatro grandes sistemas regionales se ve acentuada por los patrones otorgados al uso del gas natural por el consumidor —y por ende a las op-

[16] *Ibidem*.

[17] Véase el cuadro 5 en el anexo estadístico.

[18] Segal, Jeffrey y Frank E. Niering Jr., "Special Report on World Natural Gas Pricing", *Petroleum Economist*, vol. XLVII, núm. 9, Londres, septiembre de 1980, pp. 373-379.

ciones de combustibles alternativos o sustitutos. Estos patrones pueden ser tan variados como las localizaciones geográficas de los sistemas internacionales de consumo de gas establecidos.

II. EL GAS NATURAL EN MÉXICO

1. Breve historia de actividades

En 1945, el descubrimiento del yacimiento Misión en el norte del país da inicio de cierta manera a la historia del gas natural en México. De hecho, las actividades ligadas al aprovechamiento de este hidrocarburo son iniciadas en años posteriores, al realizarse las obras de reinyección al yacimiento Poza Rica y particularmente con las construcciones de los gasoductos entre la planta de absorción allí ubicada y el Distrito Federal, y desde Reynosa a Monterrey, al desarrollarse los campos productores de gas al noroeste de Tamaulipas.[19] Desde aquel entonces, las dificultades que afrontó Pemex para desarrollar las actividades ligadas al aprovechamiento del gas son las que normalmente se encuentran en este tipo de industria incipiente, a saber: la construcción de sistemas de transportes y el establecimiento de mercados. En este sentido, los problemas a los cuales tiene que enfrentarse la empresa son más de índole económica y de inversión que de orden técnico para descubrir y producir gas natural.[20] Este tipo de problemas se debieron, en buena parte, a que la producción de gas natural adquiere en México una importancia relativamente tardía como fuente de suministro energético, tomando en cuenta el auge tempranero de la explotación petrolera.

A fines de los cuarenta no se comercializaba el gas natural. Las líneas de conducción de longitud, menos de 100 km y de reducido diámetro (menos de 12 plg) sólo se utilizaban para abastecer de combustible las instalaciones de Pemex. Sin embargo, existían gasoductos de

[19] Bermúdez, Antonio J., *La política petrolera mexicana*, Joaquín Mortiz, México, 1976. Al respecto, Antonio García Rojas en "La producción de gas y su utilización en la República mexicana". Conferencia presentada ante la Asociación de geólogos petroleros, febrero 16 de 1973, señala que el empleo industrial del gas natural, se inició en 1930, cuando se terminó el gasoducto de Roma, Texas, a la ciudad de Monterrey. Aunque más adelante, el mismo autor señala que:"El desarrollo fundamental de la industria del gas comenzó en el año 1943, cuando se inicia una intensa campaña de exploración en diferentes partes del país, entre ellas en el noroeste de México, y se estructuró un plan para la obtención de gasolinas y gases licuables a partir del gas, que se producía en el campo de Poza Rica", pp. 1 y 2.

[20] Bullard, Fredda J., *Mexico's Natural Gas. The Beginning of An Industry*, Bureau of Business Research, The University of Texas, Austin, 1968, pp. 14-24.

propiedad privada cuya extensión cercana a 300 km unía la frontera de Estados Unidos con Monterrey.[21]

La situación descrita comenzó a cambiar en forma significativa a partir de los cincuenta y particularmente durante los sesenta, como puede apreciarse en la gráfica 1. La producción de gas natural entre los años 1952 y 1964 pasa de 256 a 1 325 MMPCD en correspondencia con el significativo aumento que había conocido la producción de crudo (cuadro II.1).

Cuadro II.1
Producción de petróleo crudo y gas natural, 1938-1970

Año	*Crudo* Mm^3	*Gas natural* MMm^3	*MMPCD*
1938	6 118	682	66
1940	7 002	926	89
1946	7 828	738	71
1952	12 286	2 649	256
1958	14 870	7 438	720
1964	18 375	13 734	1 325
1965	18 753	13 965	1 351
1966	19 261	14 984	1 450
1967	21 152	16 221	1 569
1968	22 633	16 335	1 576
1969	23 825	17 247	1 668
1970	24 894	18 832	1 822

Fuente: Pemex, *Anuario estadístico, 1984*, México, 1985.

Igual fenómeno experimentan las reservas. A fines de 1952, las reservas totales de hidrocarburos alcanzaban la cifra de 2 241 MMB correspondiendo alrededor de 40% al gas natural. Al 31 de diciembre de 1964, éstas se establecerían en 5 227 MMB y la participación en ellas de las reservas de gas natural se estimaban en 44 por ciento.[22]

Las ventas internas pasan de 46 MMPCD en 1952, a 492 MMPCD en 1964 y a 644.8 MMPCD en 1968, a un ritmo de expansión parecido al de los principales productos petrolíferos.[23] De los 650 MMPCD, 74% fue vendido al sector industrial, 10.9 al sector eléctrico y 5.1% al sector doméstico.

Las importaciones que en 1952 habían alcanzado un volumen de 51.7 MMPCD, realizadas en su totalidad por particulares, descendieron a 27.5

[21] Prieto, Sotero, "Transporte y distribución interna de hidrocarburos", documento interno, Programa de Energéticos, El Colegio de México, agosto de 1985.

[22] Véase el cuadro 6 en el anexo estadístico.

[23] Véase el cuadro 7 en el anexo estadístico.

Gráfica 1
Evolución de la producción de gas natural, 1930-1980

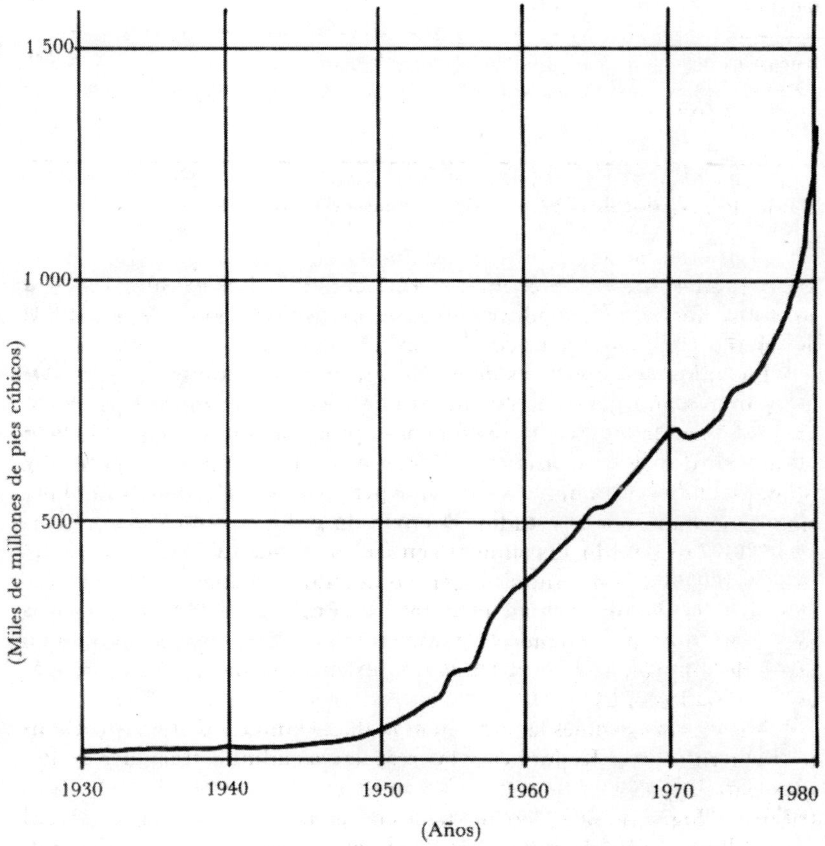

Fuente: Los datos hasta 1973, proceden de E.J. Guzmán "Panorama de la industria petrolera mexicana", *Revista del Instituto Mexicano del Petróleo* 3, núm. 1 (1975), pp. 5-15. Los datos posteriores a 1973, provienen de *Memoria de labores* de Pemex.

Cuadro II.2
Extensión y diámetros de gasoductos, 1938 y 1970

Gasoductos	*1938*	*1970*
Extensión (km)	500[a]	4 000
Diámetro máximo (plg)	14	24

[a] Incluye 300 km de particulares en la frontera norte.
Fuente: Pemex, *Memoria de labores, 1970*, y estimaciones del ingeniero Sotero Prieto.

MMPCD en 1954 para aumentar a 43.1 en 1957. Las exportaciones, a su vez, se iniciaron en 1958, vendiéndose a Estados Unidos 131.8 MMPCD aquel año y a 118 MMPCD en 1968.[24]

Las diferencias posibles de establecer entre las producciones anuales, para los años 1952 y 1964 fueron de 256 y 1 325 MMPCD respectivamente (cuadro II.1) y los volúmenes aprovechados se deben al encogimiento del gas ocasionado por la extracción de líquidos y fundamentalmente a un problema que persistirá a lo largo de todo el periodo abordado por el estudio, el envío de gas a la atmósfera.

La red de gasoductos aumentó en forma considerable no sólo en términos de kilómetros, sino también en cuanto al diámetro de las tuberías. A fines de los sesenta, se contaba con más de 4 000 km de líneas de conducción, proviniendo el fluido en más de 70% de los campos no asociados al crudo y con tuberías que alcanzaron hasta 24 plg de diámetro (cuadro II.2).

Las razones de tales logros van más allá del interés de los subsecuentes gobiernos de la República y las respectivas administraciones de Pemex para impulsar y consolidar la industria del gas y por esta vía contribuir al logro de la independencia energética del país. En efecto, el desarrollo y consolidación de esta incipiente industria encontró formidables estímulos en los grados relativos de desarrollo industrial logrados a partir de los cuarenta,[25] y en especial, en el desarrollo y crecimiento de la industria petroquímica desde principios de los sesenta, al volverse ésta un importante consumidor de gas natural como materia prima y como energético.[26]

[24] Véase el cuadro 8 en el anexo estadístico.

[25] A este respecto, resulta ser importante la participación de la industria ubicada en el área regiomontana, gran consumidora de gas.

[26] Inexistente en los cincuenta, la industria petroquímica básica se desarrolló aceleradamente a partir de los sesenta, con el fin de alcanzar la autosuficiencia nacional en la mayoría de los productos básicos requeridos por el sector petroquímico secundario y otras

El aumento en el consumo del gas natural, los descubrimientos de nuevos yacimientos y la utilización restringida de los líquidos —así como de las fuentes suplementarias de aprovisionamiento de hidrocarburos en estos tiempos—, justificaron ampliamente las inversiones realizadas con el fin de aprovechar el gas natural, lo que permitió, en forma paulatina, la conformación de una verdadera industria gasera.

Al observar cuidadosamente la evolución seguida por la industria, es perfectamente válido afirmar que el desarrollo de las actividades ligadas a su aprovechamiento quedaron indisolublemente ligadas a las prioridades y ritmo fijados por las políticas formuladas y ejecutadas en relación con las actividades de exploración y explotación del crudo. A lo largo de los años transcurridos entre la nacionalización de la industria petrolera, hasta nuestros días y particularmente a partir de los sesenta, la planeación y explotación de los hidrocarburos en su conjunto ha tenido como marco de referencia permanente los objetivos fundamentales de los diversos programas de desarrollo económico nacional, implantados en los sucesivos sexenios, condicionados a su vez por los lineamientos económicos y políticos surgidos de los patrones de acumulación y de reproducción social elegidos. Tales condicionantes —como se aprecia en el capítulo siguiente—, tuvieron como resultado que se desvirtuasen los propósitos de desarrollo armónico de las distintas áreas de actividades para la extracción y aprovechamiento de petróleo y gas. Si bien es cierto que tal situación parece darse de manera más evidente después de mediados de los setenta al incrementar el gas asociado su participación en la producción total de gas natural,[27] no es menos cierto que desde mucho antes que esto sucediera existen indicios de tales desvinculaciones, motivadas por las restricciones financieras a las que se vio sometido Pemex, que penalizaron con más fuerza las actividades ligadas al aprovechamiento de gas natural que aquellas ligadas al crudo.[28]

---

ramas industriales. Entre 1960 y 1974 la producción petroquímica de Pemex aumentó de cinco productos, que representaban un volumen total de 57 mil ton anuales, a 33 productos con un volumen de 2.7 millones de ton, lo que significó una tasa media de crecimiento anual de 31.7%. Véase Snoeck, Michele, *La industria petroquímica básica, 1975-1982*, Programa de Energéticos, El Colegio de México, 1985.

[27] Entre los años 1970 y 1976, la participación del gas asociado y no asociado pasó respectivamente y en forma aproximada, de 35 a 50% para el primero y de 65 a 50% para el segundo, Pemex, *Memoria de labores*, 1970 a 1976.

[28] Los ejemplos abundan; como uno de ellos puede citarse el retraso en la ejecución de obras para terminar el gasoducto entre Ciudad Pemex y el Distrito Federal, entre los años 1955 y 1958, lo que trajo como consecuencia el retraso en el programa de aprovechamiento del gas natural, que se había adoptado en esos años. Bermúdez, Antonio J., *op. cit.*, pp. 79 y 80.

2. Balance energético y gas natural en 1970

En 1970, la participación relativa de gas natural en la producción nacional de energía fue de 32.6% (cuadro II.3). La producción de gas natural fue de 1 822.0 MMPCD (cuadro II.4). Las reservas probadas totales de hidrocarburos, al 31 de diciembre del mismo año, fueron establecidas en 5 568 MMB de las cuales 40.9% del total estaban constituidas por gas natural.[29]

Cuadro II.3
Estructura de la producción de energía primaria por fuente, 1970-1982
(porcentaje)

Año	*Total*	*Carbón*	*Petróleo*	*Gas natural*	*Hidroenergía*	*Geoenergía*
1970	100	2.1	55.2	32.6	10.1	—
1975	100	2.5	62.7	27.6	7.0	0.2
1976	100	2.0	65.3	25.3	7.2	0.2
1977	100	2.0	69.5	21.5	6.8	0.2
1978	100	1.8	70.2	23.2	4.6	0.2
1979	100	1.5	71.5	22.5	4.3	0.2
1980	100	1.1	75.1	20.5	3.1	0.2
1981	100	1.0	70.1	24.9	3.8	0.2
1982	100	1.0	70.8	25.0	3.0	0.2

Fuentes: Comisión de Energéticos y Pemex, Gerencia de economía energética, 1983, citado por Willars, Jaime Mario, *El petróleo en México: efectos macroeconómicos; elementos de política y perspectivas*. Programa de Energéticos, El Colegio de México, México, 1984.

La producción neta de gas natural (cuyo concepto se asimila al de disponible) para dicho año fue de 1 254.3 MMPCD. La diferencia entre esta última y la producción (567.7 MMPCD) se debió al encogimiento por procesamiento (92.2 MMPCD) y fundamentalmente a los elevados volúmenes enviados a la atmósfera (475.5 MMPCD), que representaban 26% del total de gas producido y alrededor de 60% del total de gas asociado.

Las ventas internas registraron un volumen de 769.6 MMPCD, correspondiéndoles, de dicho volumen y en términos porcentuales, 25.3% al sector industrial; 20.1 al eléctrico y 4.6 al residencial. Las exporta-

[29] Pemex, *Memoria de labores, 1970.*

ciones ascendieron a 119 MMPCD importándose alrededor de 48 MMPCD por particulares.

La producción de gas natural en 1970 estaba compuesta casi 65% por gas natural no asociado, que provenía de las zonas norte y sureste, básicamente de los distritos noreste y Ciudad Pemex, y 35% por gas asociado, proveniente en su mayor parte de las zonas centro y sur (cuadro II.5).

De acuerdo con las estimaciones de finales de 1970, se contaba con una red de gasoductos cercana a los 4 000 km, variando el diámetro de los gasoductos en operación entre 4 y 24 plg. La importancia relativa, que hasta ese año fueron adquiriendo los gasoductos dentro del conjunto de las líneas de conducción con que contaba el país en 1970, se refleja en los 4 700 millones de ton km (MM ton km) desplazadas, lo que representaba un poco más de un tercio del total de hidrocarburos transportados por ductos. En términos generales, la capacidad de los gasoductos en 1970 excedió no sólo a los volúmenes desplazados,[30] sino también a las capacidades nominales disponibles en las plantas procesadoras, por lo que es posible afirmar que poco tuvo que ver el transporte de gas natural o la carencia de gasoductos en los altos índices de gas quemado registrados en ese año.

Por su parte, la producción de líquidos de gas natural[31] llegó a ser en el mismo año de 57.6 MBPD (cuadro II.6) presentándose un desplazamiento importante, en términos de las zonas productoras, con respecto a años anteriores como sucedió con la producción de crudo.

A las cifras antes expuestas cabe agregar y destacar como aspectos relevantes, las actividades exploratorias y de explotación, iniciadas en la plataforma continental poco antes de 1970, las que, más allá del éxito alcanzado en términos de pozos exploratorios descubiertos, el número de yacimientos por desarrollar y los alentadores resultados obtenidos en el desarrollo de los pozos marinos (alta productividad y altas potencialidades),[32] darían pie a trascendentales cambios en la industria petrolera en años posteriores.

[30] Cabe señalar que en el caso de los gasoductos de Cd. Pemex, en el altiplano no había excedentes apreciables de capacidad económica, por lo que la casi inexistencia de compresoras de relevo podía ser considerada como riesgo que ponía en peligro la conducción continua del total del fluido.

[31] Incluye etano, propano, butano y gasolinas naturales.

[32] Sordo, Ana María, "La exploración de hidrocarburos en México. Su evolución desde 1970 a 1984". Versión preliminar del estudio: *Exploración, reservas y producción de petróleo en México, 1970-1985*, México, El Colegio de México, 1988.

Cuadro II.4
Balance del gas natural, 1970-1985
(millones de pies cúbicos diarios-MMMPCD)

	1970	*1971*	*1972*	*1973*	*1974*	*1975*	*1976*	*1977*	*1978*	*1979*	*1980*	*1981*	*1982*	*1983*	*1984*	*1985*
Producción	1 822.0	1762.8	1803.8	1854.1	2040.2	2154.7	2108.6	2046.2	2561.4	2916.6	3548.0	4060.8	4246.3	4053.6	3752.6	3603.7
Enviado a la atmósfera[a]	475.5	441.6	417.8	356.2	497.4	517.9	492.0	347.9	392.0	363.9	426.9	665.2	638.1	434.3	302.5	277.6
Encogimiento por procesamiento	92.2	102.6	105.5	118.1	115.9	172.1	179.5	175.5	193.4	256.0	329.6	412.6	461.6	496.4	465.5	526.3
Pérdidas	—	—	—	—	—	—	n.d.	81.9	50.8	35.5	39.2	54.6[f]	103.0[f]	112.5[f]	152.0[f]	188.3[f]
Llenado de líneas	—	—	—	—	—	—	n.d.	n.d.	n.d.	10.7	0.8	2.3	—	—	—	—
Producción neta[b]	1 254.3	1218.6	1280.5	1379.8	1426.9	1464.7	1437.1	1522.8	1925.2	2250.5	2751.5	2926.1	3043.6	3010.4	2832.6	2611.5
Discrepancia estadística	—	—	—	—	—	—	13.9	46.5	77.8[g]	33.5	4.3	12.0	—	−15.1	36.0	27.9
Importaciones[c]	—	—	—	—	—	—	—	—	—	—	—	—	—	—	—	6.5
Disponibilidad total	1 254.3	1218.6	1280.5	1379.8	1426.9	1464.7	1423.2	1476.3	1847.4	2217.0	2755.8	2914.1	3043.6	3025.5	2796.6	2583.6
Consumo de Pemex[d]	365.7	333.8	409.7	448.4	520.6	532.1	536.8	574.1	788.0	944.6	1082.2	1238.7	1400.0	1511.1	1433.2	1365.7
Exportaciones	119.0	59.6	23.5	4.6	0.7	—	—	6.9	—	—	294.4	302.5	273.1	217.5	147.8	—
Ventas internas[e]	769.6	825.2	847.3	953.3	905.6	932.6	886.4	895.3	1058.5	1272.4	1379.2	1372.9	1370.1	1296.9	1215.6	1224.4
Industria	579.5	608.2	631.2	695.7	691.0	644.4	640.2	653.0	749.1	875.6	999.8	1026.7	1039.2	978.8	885.7	877.2
Sector eléctrico	154.7	179.0	173.7	208.1	165.7	242.5	195.8	188.8	249.7	349.7	323.6	293.3	272.0	246.4	248.3	263.0
Sector residencial	35.4	38.0	42.4	49.5	48.9	45.7	50.4	53.5	59.7	47.1	55.8	52.9	56.2	68.5	81.6	84.2

[a] Incluido hasta 1978, no reportado por Pemex en las fuentes estadísticas utilizadas. Resulta de restar la producción neta (excluyendo importaciones) a la producción.
[b] Resulta de sumar el consumo de Pemex, extracciones y ventas internas. La cifra es menor que la reportada por Pemex debido a que en *Memoria de labores*, incluyen como utilizado lo mermado por encogimiento.
[c] Efectuadas por Pemex, excluyendo las efectuadas por particulares.
[d] Incluye gas inyectado a yacimientos.
[e] Para los años 1970 a 1975 estimados a partir de Pemex, *Documentos internos de la gerencia de ventas*.
[f] Incluye el CO_2 enviado a la atmósfera.
[g] Incluye llenado de líneas.
n.d. No disponible.
Fuentes: Pemex, *Memoria de labores, 1970-1977*; de 1978 a 1983, Pemex, Gerencia de Análisis y Evolución del Mercado Internacional, Coordinación de Comercio Internacional, *Estadísticas seleccionadas*, 1984; Pemex, *Memoria de labores, 1985*.

Cuadro II.5
Producción de gas natural asociado y no asociado, 1970-1976
(en millones de pies cúbicos diarios-MMPCD)

Zona *Distrito*	*1970*	*1975*	*1976*
Norte			
Frontera noreste[n]	601.1	430.9	405.6
Norte	49.4	45.4	41.5
Sur	40.7	19.5	13.3
Subtotal	691.2	495.8	460.4
Centro			
Poza Rica	310.3	143.9	133.7
Faja de Oro		13.6	14.2
Papaloapan*	38.0	27.2	25.7
Subtotal	348.3	184.7	173.6
Sur			
Agua Dulce	157.6	106.3	85.2
El plan	43.6	78.6	60.8
Nanchital	2.3	4.5	4.1
Subtotal	203.5	189.4	150.1
Sureste			
Comalcalco:			
a) Terciario	31.8	55.4	43.7
b) Mesozoico		502.2	633.0
Cd. Pemex[n]	547.2	727.2	647.8
Subtotal	579.0	1 284.8	1 324.5
Marina (sureste)			
Campeche			
Total	1 822.0	2 154.7	2 108.6

[n] No asociado.
* Una parte corresponde al no asociado.
Fuentes: Pemex, *Memoria de labores, 1970-1976* y Pemex, *Anuario estadístico, 1984.*

Cuadro II.6
Producción de crudo y líquidos de gas natural por zonas, 1970
(en miles de barriles de petróleo diarios- MBPD)

	Norte	*Centro*	*Sur*	*Total*
Crudo	73.3	167.4	188.2	428.9
Líquidos del gas	11.3	10.5	35.8	56.7

Fuente: Pemex, *Memoria de labores, 1970.*

3. Problemas de la industria del gas a inicios de los setenta

Antes de que ocurrieran estos cambios radicales a los cuales se alude, las estrategias delineadas, a inicios del sexenio de Luis Echeverría, habrían de abordar los siguientes problemas de la industria del gas natural: a) lento crecimiento de la producción y las reservas en franca declinación; b) la existencia de una demanda insatisfecha provocada por un aumento sostenido en el consumo; c) insuficiente aprovechamiento de gas natural asociado producido, y finalmente, d) la escasez de recursos financieros.

a) En 1970 la producción de gas natural se estableció en 1 822.0 MMPCD, lo que representaba un incremento de 8.4% con respecto al año anterior y de 25% con respecto a 1964. Sin embargo, entre 1965 y 1970 la tasa de crecimiento promedio había sido de sólo 6.2%. Tal ritmo de crecimiento en la producción era menor a 8.2%, experimentado por el consumo de gas durante el mismo periodo.[33] Igual fenómeno se advertía al comparar el ritmo de crecimiento experimentado por la producción de hidrocarburos y el consumo nacional de éstos.

Por su parte, en 1965, las reservas probadas de hidrocarburos totales (cuadro II.7), fueron calculadas en 5 078 MMB experimentando una disminución cercana a 3% con respecto a 1964.[34]

Cuadro II.7
Reservas y producción de hidrocarburos y relación reservas/producción, 1965-1970
(en millones de barriles-MMB)

	Reservas de hidrocarburos			*Producción de hidrocarburos*		
Año	*(MMB)*	*Variación (MMB)*	*Variación (%)*	*(MMB)*	*Variación (%)*	*R/P*
1964	5 227			222		
1965[a]	5 078	—149	2.8	226	2.0	22.1
1966	5 357	279	5.5	236	4.0	22.1
1967	5 486	129	2.3	259	9.5	21.1
1968	5 530	44	0.8	270	4.5	20.1
1969	5 570	40	0.7	278	5.0	19.1
1970	5 568	— 2	0	304	7.2	18.1

[a] El signo (—) significa decremento.
Fuente: Pemex, *Anuario estadístico, 1986*; México, 1987.

[33] Véase el cuadro 9 en el Anexo estadístico.

[34] Para un detallado análisis acerca de la evolución de las reservas, véase Sordo, Ana María, "Evaluación e información de reservas de hidrocarburos". Versión preliminar del estudio: *Exploración, reservas y producción..., op. cit.*

En 1970, éstas se calculan en 5 568 MMB, lo que en promedio para el periodo 1965-1970 daba como resultado un incremento de sólo 1.8%. Comparada con el ritmo de producción anual para dicho periodo, la relación R/P descendió a 18 años, pese a que el límite deseado como mínimo, y que al menos se había mantenido hasta 1968, era de 20 años. Tales cifras eran preocupantes, pero lo eran aún más en la medida en que gran parte de los exiguos incrementos obtenidos en el periodo, 1968-1970, fue el resultado de revisiones a cifras antes establecidas y al desarrollo de campos descubiertos con anterioridad. Asimismo, los proyectos de recuperación secundaria, instrumentados en esos años, permitieron adicionar alrededor de 15% del total de las reservas probadas, anteriores al periodo 1965-1970. Sólo una porción menor a la mitad del total de reservas probadas, adicionadas en el periodo, podían ser atribuidas al descubrimiento de nuevos campos.[35]

Por su parte, las reservas probadas de gas natural seco experimentarían un movimiento similar a la baja. Si en 1964 éstas representaban alrededor de 44% (2 302.0 MMB) del total de reservas probadas de hidrocarburos totales, en 1970 tal participación descendería a un poco menos de 41% (2 279.1 MMB).[36] Al contar con reservas de gas declinantes, la cuestión de aumentar la extracción se hacía delicada, puesto que ponía en peligro el margen de seguridad deseado de 20 años en la relación R/P, como efectivamente sucedió pocos años después al pasar dicha relación a un nivel de 18 años, en 1971 y 17, en 1972.

Las razones que explican el lento crecimiento de la producción y reservas en franca declinación, se debieron a tres factores. En primer lugar, los insuficientes y discontinuos esfuerzos dedicados por Pemex a las actividades exploratorias; en segundo lugar, a que las actividades de desarrollo fueron, a fin de cuentas, dirigidos preferentemente a la explotación de crudo en vez de gas, y finalmente, debido a que el número de yacimientos de gas asociado, a los cuales se podía imprimir una mayor extracción, eran escasos.

En efecto, según estudios realizados al respecto, y que abarcan el periodo comprendido entre 1938 y 1970,[37] la actividad exploratoria, no sólo se rezagó con respecto a las necesidades de crecimiento que imponía la mantención de un adecuado nivel de reservas, sino también con respecto a las necesidades y ritmo de crecimiento que acusó el consumo interno, en términos de producción de petróleo y productos petroleros. Los impulsos otorgados a la actividad exploratoria, fueron en términos glo-

[35] Tal es el caso de: Cinco Presidentes, El Golpe, San Ramón, Usumacinta, Blasillo, Tucán y Costamical, en la zona sur; Atún en Poza Rica; Arenque y Arcos en la zona norte. En conjunto, las reservas de estos campos fluctuaban entre 1 y 10 MMB. Véase Sordo, Ana María, "Evaluación e información...", *op. cit.*, p. 116.

[36] Véase el cuadro 6 en el Anexo estadístico.

[37] Sordo, Ana María, "Evaluación e información...", *op. cit.*, pp. 109 a 193.

bales, sólo parciales. Tal es el caso de lo sucedido entre los años 1947-1952 y 1959-1964, sin que lo realizado durante esos años pudiera compensar lo no realizado en dicha actividad por largos periodos.[38] Tal rezago se debió, en parte, a los insuficientes recursos financieros disponibles, pero también durante largo tiempo influyó la percepción de que el desarrollo de la exploración no era urgente en la medida en que la relación R/P, de 20 años, podía mantenerse y además porque las metas de producción no se alterarían drásticamente al haberse descartado, o relegado a un segundo plano, la exportación de crudo.[39]

A partir de una visión de conjunto, del periodo que abarca desde la nacionalización hasta fines de los sesenta, es posible afirmar que la conducta errática reflejada por la actividad exploratoria —periodos de impulso relativo combinados con periodos de inercia o escaso desarrollo— se debió a la inexistencia de una estrategia de largo plazo que tuviese como objetivo garantizar incrementos adecuados en las reservas de petróleo y gas natural.

Al cuadro descrito cabría añadir los pobres resultados obtenidos por el número de las actividades exploratorias de campos descubiertos y los niveles de sus rendimientos, en especial, aquellos que cubren el sexenio, 1964-1970 (cuadro II.8). De los 61 campos de gas descubiertos, poco más de 70% eran no comerciales, 21 contenían reservas probadas menores a 0.16 MMm^3 y sólo un campo poseía reservas que fluctuaban entre 1.6 y 4 MMm^3. Si el índice de éxito alcanzado por los descubrimientos está definido por la relación entre el número de campos de gas descubiertos y el de pozos exploratorios —ambos en un año o periodo dado— se infiere que 6.5% de actividades exitosas, alcanzado entre 1964 y 1970, fue insuficiente para contrarrestar el bajo promedio —4.2%—, obtenido entre los años 1938 y 1963.

De los 292 campos petroleros descubiertos desde 1938 hasta fines de los sesenta, 111 eran productores de gas no asociado, 168 de crudo y 13 mixtos.[40] En los 168 campos productores de crudo, existía cierta proporción de gas natural (como era el caso de Poza Rica y algunos distritos de Tabasco), cuyo aprovechamiento —en algunos casos no despreciable—, no se realizaba, ya que el objetivo principal de las actividades productivas, en dichos campos, era la extracción de crudo. Tal situación se debía no sólo al hecho de que la explotación de crudo aseguraba mayores ingresos por concepto de ventas, ya que a partir de los derivados de crudo (combustóleo y diesel) se obtenían sustitutos de gas natural,

[38] Véase el cuadro 10 en el Anexo estadístico.

[39] Cabría señalar que el precio al cual podría haberse importado crudo, no habría sido elevado, sin embargo, esto habría desestimulado el destino de recursos financieros para la exploración (riesgosa) y explotación (onerosa), de no tenerse la seguridad de que los costos fueran menores a los de posibles importaciones.

[40] Sordo, Ana María, "La exploración...", *op. cit.*, p. 36.

Cuadro II.8
Cantidad y niveles de productividad de los campos descubiertos de 1930 a 1970

	1903-1937			*1938-1963*			*1964-1970*		
*Grupo**	*Gas*	*Crudo*	*Total*	*Gas*	*Crudo*	*Total*	*Gas*	*Crudo*	*Total*
A	0	14	14	7	14	21	0	3	3
B	0	5	5	4	6	10	0	1	1
C	0	6	6	6	15	21	1	3	4
D	0	6	6	18	20	38	13	12	25
E	1	2	3	21	28	49	47	26	73

Grupo A = mayores de 8 MMm³.
B = entre 4 y 8 MMm³.
C = entre 1.6 y 4 MMm³.
D = entre 0.16 y 1.6 MMm³.
E = menores de 0.16 MMm³ (no comercial o marginal).

* La importancia de éstos reside en la cuantía de sus reservas originales probadas, partiendo del supuesto de que se lograba su pleno desarrollo. Los campos descubiertos entre los años 1964 y 1970, al no estar desarrollados, se clasificaron como reservas probables.

Fuente: Pemex, *Estadística de uso interno*, mimeo., México, 1981 (tomado de Sordo, Ana María, "La exploración...", *op. cit.*, p. 33).

como carburante, a costos relativamente más bajos, sino porque además el aprovechamiento del gas involucraba mayores inversiones y recursos financieros.

Además de las razones expuestas, el lento crecimiento en la producción de gas se debía a que los yacimientos en los cuales se podía conseguir su mayor extracción eran escasos. Tal es el caso de los yacimientos de gas no asociado, particularmente los ubicados en la zona norte, cuya participación en el total producido para los años 1964 y 1970, pasó de un poco más de 39, a un poco menos de 38%, lo que reflejaba un bajo rendimiento por pozo, debido a que éstos se estaban agotando. En esta misma zona, los incrementos registrados por la producción de gas, en cada uno de los distritos de Tabasco entre 1964 y 1970 son sólo leves, y en 1971, como se comprobará más adelante, se hizo notar un abatimiento de 6 por ciento.[41]

b) El lento crecimiento en la producción y la disminución de las reservas probadas de gas, adquirían un dramatismo un tanto mayor al confrontar dicha situación con el incremento sostenido que experimentó el consumo hasta fines de los sesenta. En efecto, desde 1965 hasta 1970, la producción de hidrocarburos había crecido a una tasa promedio anual

[41] Véase el cuadro 11 en el Anexo estadístico.

de 4.5 y el consumo nacional de petrolíferos y petroquímicos a 13.6%.[42] La producción de gas natural por su parte, creció a un promedio anual de un poco más de 6%, mientras que su consumo había aumentado en 8.2 por ciento.[43]

En 1970, y según estimaciones hechas por el Instituto Mexicano del Petróleo,[44] la demanda nacional de gas fue de 1 331.2 MMPCD, lo que comparado con el consumo nacional, de 1 184.2 MMPCD, daba como resultado una demanda nacional de gas insatisfecha de 147 MMPCD, un poco más de 12% del consumo nacional. Dicha situación se tornaba difícil de sostener, al preverse que la demanda nacional para el sexenio que se iniciaba, aumentaría 7% promedio anual. Tal ritmo de crecimiento comparado con el que históricamente había incrementado la producción nacional —levemente superior a 6%— daría lugar a un déficit en el abastecimiento, que obligaría a importaciones mayores de gas natural al no incrementarse la producción en forma suficiente.

c) En 1970, cerca de 13% del total de pozos de desarrollo correspondían a pozos productores de gas,[45] como resultado de que dicha actividad se hubiese concentrado en campos productores de crudo; 35% de la producción total de gas era asociado (cuadro II.5), del cual se quemaba 60%. El alto porcentaje de desaprovechamiento de gas natural se debía a la prioridad otorgada a la producción de crudo por parte de Pemex, lo que explica a su vez el rezago en algunos casos, y la clara lentitud en otros, con los que se instalaban los sistemas de recolección y tratamiento de gas asociado producido.

d) Finalmente, cabe mencionar las dificultades financieras por las que Pemex atravesaba a principios de 1970. Éstas, sin duda, constituían un freno de envergadura en el impulso tanto de las necesarias actividades de exploración y explotación de los yacimientos descubiertos, como de su producción industrial.

En 1970, la diferencia entre los ingresos y pasivos de Pemex continuaba positiva,[46] pero su insignificancia era el preludio de un deterioro mayor en las finanzas de Pemex, cuyo año crítico lo constituyó 1973, al exceder el pasivo a los ingresos propios de la empresa.[47] Uno de los factores que explican tal situación es que si bien los ingresos de Pemex aumentaron contiñuamente en todos los sexenios, después de la nacionalización, también lo hicieron los costos totales y en proporción mayor

[42] Informe del director de Pemex, Antonio Dovalí Jaime, 18 de marzo de 1970. Véase, además, el cuadro 12 en el Anexo estadístico.

[43] Pemex, *Memoria de labores, 1971*.

[44] Véase el cuadro 13 en el Anexo estadístico.

[45] Véase el cuadro 14 en el Anexo estadístico.

[46] Para mayor detalle véase Guzmán, Óscar, *Las finanzas de Petróleos Mexicanos*. Programa de Energéticos, El Colegio de México, Estudio en preparación.

[47] Véase el cuadro 15 en el Anexo estadístico.

los costos de operación. El factor responsable de la situación financiera crítica de Pemex era ciertamente el factor precio y más precisamente la política de precios subsidiados y no remunerativos seguida hasta entonces. Por lo que respecta al gas natural tal aseveración era cierta. En 1970, el m^3 utilizado tanto por el sector industrial como por el sector residencial, tenía un precio uniforme de 0.12 pesos; dicho precio no sólo hacía incosteable las grandes inversiones, necesarias para el aprovechamiento y transporte del gas natural, sino estimulaba su consumo. Esto se veía reforzado por los precios fijados a su sustituto directo, el combustóleo, los cuales eran de 117.05 y 135.90 pesos por m^3 (pesado y ligero respectivamente). Tal aberración, en lo que a precios relativos se refiere, haría que el precio del gas por unidad calorífica fuese casi igual al del combustóleo (0.14 $/10 000 kcal), lo que estimulaba la demanda de gas natural.

Las estrategias delineadas a principios de los setenta habrían de estar determinadas por esta lista, no exhaustiva, de los problemas más serios que afrontaba la industria del gas natural en México. En los capítulos siguientes se analizará la evolución de las actividades más importantes que se dieron en el aprovechamiento, transporte y comercialización del gas natural, habida cuenta del breve contexto general antes expuesto.

III. ASPECTOS BÁSICOS DE LA INDUSTRIA DEL GAS NATURAL, 1970-1985

1. Producción, reservas y aprovechamiento

El difícil camino de la autosuficiencia y del aprovechamiento de gas natural, 1970-1976

La seriedad y magnitud de los problemas a los que debía enfrentarse la industria de gas natural, a principios de los setenta, no eran ajenos a los que debía hacer frente la economía mexicana.

Los años sesenta constituyen, para la economía mexicana, aquellos en que comienza a tocar fondo un relativamente fácil proceso de sustitución de importaciones, con esfuerzos por lo demás infructuosos para hacerlo extensivo a bienes intermedios y en ciertos casos de capital. Además, las dificultades se reflejaban en una desaceleración en el ritmo de crecimiento del PIB, un creciente déficit fiscal y un progresivo deterioro en su intercambio de bienes y servicios con el exterior.

En dicho cuadro de dificultades que afrontaba la economía mexicana, Pemex no constituía una excepción. Desde mediados de los sesenta y en particular en 1970, la situación financiera de la empresa daba muestras de un deterioro progresivo, acumulado durante más de una década. Si bien la estructura financiera era relativamente equilibrada, la empresa hacía frente a serios problemas de liquidez,[48] lo que comprometía una expansión productiva equilibrada. El cuestionamiento a la política de precios subsidiados se imponía. Sin embargo, eso se contraponía al papel que desempeñaba la industria petrolera como palanca de apoyo a los planes de desarrollo delineados por las autoridades hacendarias y del ejecutivo.

Acorde con los planes de desarrollo económico nacional, las metas asignadas a Pemex para el nuevo sexenio que se iniciaba eran básicamente dos: *lograr la autosuficiencia* y *conservar la riqueza petrolera.*

La autosuficiencia sólo se lograría si se obtenía una mayor produc-

[48] Óscar M. Guzmán "Financing Difficulties of the Sector", en Wionczek, Miguel S., Óscar Guzmán y Roberto Gutiérrez (eds.), *Energy Policy in Mexico. Problems and Prospects for the Future*, Westview Press, Boulder, Col., 1987, pp. 352-359.

ción de hidrocarburos, en particular de crudo. Para eso era imperativo, entre otras medidas, intensificar las actividades exploratorias, imponer un ritmo más intenso, pero adecuado, a las perforaciones terrestres, instrumentar técnicas de recuperación secundaria, multiplicar las redes de tuberías de recolección y mejorar el rendimiento de las plantas de refinación. Por su parte, la conservación de la riqueza petrolera exigía la rigurosa observación de una variada gama de factores, entre los que cabe destacar un nivel óptimo de extracción —fijado de acuerdo con las características de los yacimientos y sus hidrocarburos contenidos— y la posible aplicación de métodos de recuperación secundaria.[49]

Las prioridades y metas fijadas para la industria petrolera harían que, como había sucedido años anteriores, las actividades ligadas al gas natural se vieran subordinadas a las fijadas para el petróleo. Dicho en otras palabras, el desarrollo de la industria del gas natural estaría sujeto a la existencia, o no, de excedentes —principalmente financieros— que resultasen después de atender los requerimientos originados por la producción de crudo y su proceso. Bajo tales circunstancias, difícilmente podría haberse diseñado una política explícita, que provista de mecanismos —y en la práctica dotada de recursos financieros—, hubiese podido abordar eficazmente los problemas a los cuales debía hacer frente la industria del gas natural.

Las actividades exploratorias con el objetivo de encontrar gas natural, se realizaron casi exclusivamente en la zona norte del país. Se programaron perforaciones profundas en Reynosa y actividades prospectivas en Nuevo Laredo, Piedras Negras, así como en la Zona Sur (Tabasco y Chiapas).

Dependiendo del descubrimiento de nuevas reservas de gas en el Distrito Frontera Noreste, se consideró la posibilidad de extraer más gas en la Zona Centro del país, en particular, Poza Rica (gas asociado) vía la aplicación de medidas adecuadas de represionamiento. Simultáneamente, se consideró la posibilidad de conservar las reservas de gas existentes en Poza Rica y evitar así su quema, aunque todo esto quedaba sujeto a su vez a las metas de producción de crudo.

Para la Zona Sur se tenía planeado seguir desarrollando los campos de gas asociado al crudo incrementando la perforación de desarrollo, dedicándose, además, ingentes esfuerzos en Ciudad Pemex que, en 1970, participó con 65% del total producido en la zona.

Éstos eran, brevemente expuestos y a grandes rasgos, los lineamientos generales que encauzarían las actividades exploratorias de gas natural a lo largo del sexenio 1970-1976. Los comentarios que aparecen a

[49] Sordo, Ana María, "La explotación de petróleo en México, 1970-1985". Versión preliminar del estudio: *Exploración, reservas y producción de petróleo en México, 1970-1985*, Programa de Energéticos, El Colegio de México, 1988.

continuación dan cuenta de la evolución seguida por la producción y reservas y los resultados obtenidos en ese periodo.

Entre 1970 y 1976, la producción de gas natural experimentó un aumento cercano a 16% (cuadro III.1) al pasar de 1 822.0 MMPCD a 2 108.6 MMPCD. Las reservas probadas de gas natural (cuadro III.2), se incrementaron en 4.6% entre los años 1970 y 1975.[50] En 1970, éstas fueron evaluadas en 11 395 648 MMPC y en 1975, alcanzaron la cifra de 11 923 683 MMPC. Ambas cifras consideradas, hicieron que la relación R/P disminuyese drástica y peligrosamente al pasar de 17 años en 1970, a sólo 15 años en 1975 (cuadro III.3). Tanto la evolución de la producción, como de las reservas probadas de gas natural, distan mucho de haber seguido una dinámica ascendente y exenta de problemas. Así lo refleja un análisis detallado, tanto por años como por zonas.

En 1970, la Zona Norte que comprende los distritos: Frontera Noreste (gas no asociado), Norte y Sur, produjo un total de 691.2 MMPCD. Dicho volumen representaba 38% de la producción promedio diaria nacional. Dos años después de sucesivas disminuciones, la producción se estableció en 613.2 MMPCD representando sólo 34% del total nacional producido. La disminución de la participación de la Zona Norte, en el total de gas producido, se debió no sólo a la disminución que en términos absolutos acusó la producción, sino además debido a que la Zona Sur aumentó su producción y con ello su participación relativa en el total producido. Después de un leve repunte experimentado en 1973 (617.3 MMPCD) con respecto al año anterior (613.2 MMPCD), la tendencia a la baja sería constante. En 1974, se produjeron 580.6; 495.8 en 1975 y en 1976, 460.4 MMPCD. De este modo, la participación relativa de la Zona Norte en el total nacional producido, a fines de 1976, pasaría a ser de sólo 22 por ciento.

Las razones que dan cuenta de la disminución de la producción de gas natural en la zona en cuestión, a partir de 1974, son básicamente dos. La primera, aquella que da cuenta de un proceso de declinación natural de los pozos que afectó a los campos de los distritos Frontera, Noreste y Sur. En efecto, tal es lo acontecido con los campos de gas en

[50] En 1976, rompiendo con la costumbre establecida a lo largo de años, Pemex no publicó las cifras relativas a las reservas probadas de gas natural, limitándose a publicar las cifras relativas a las reservas probadas de hidrocarburos totales (véase el cuadro 16 del anexo). Tales cifras provenían de la aplicación de un nuevo método de estimación de reservas, el cual no sólo tomaba en cuenta las reservas provenientes de los pozos perforados de desarrollo, sino que, y por medio de métodos geofísicos, extrapolaba ciertas características conocidas del yacimiento, al total de la formación, obteniendo medidas promedio. El resultado duplicaba las reservas probadas de hidrocarburos líquidos totales y las de gas natural pasarían de casi 12 000 MMMPC a un poco más de 19 000 MMMPC. Para un análisis detallado véase, Sordo, Ana María, "Evaluación e información..." *op. cit.*, pp. 136 a 139. Sólo en 1978 (*Memoria de labores 1977*), serían dadas a conocer las cifras de reservas en forma desagregada.

Cuadro III.1
Producción de gas natural asociado y no asociado por zonas y distritos, 1970-1976
(millones de pies cúbicos diarios-MMPCD)

Zona	*Distrito*	*1970*	*1971*	*1972*	*1973*	*1974*	*1975*	*1976*
Norte								
	Frontera Noreste[n]	601.1	570.2	552.2	551.8	508.0	430.9	405.6
	Norte	49.4	33.7	32.4	39.9	46.9	45.4	41.5
	Sur	40.7	35.0	28.6	25.6	25.7	19.5	13.3
	Subtotal	691.2	638.9	613.2	617.3	580.6	495.8	460.4
Centro								
	Poza Rica	310.3	269.9	227.3	203.5	189.3	143.9	133.7
	Faja de Oro						13.6	14.2
	Papaloapan[*]	38.0	35.2	33.9	30.9	28.7	27.2	25.7
	Subtotal	348.3	305.1	261.2	234.4	218.0	184.7	173.6
Sur								
	Agua Dulce	157.6		137.9	129.3	122.0	106.3	85.2
	El Plan	43.6		89.1	83.3	78.6	78.6	60.8
	Nanchital	2.3		2.5	2.9	4.6	4.5	4.1
	Subtotal	203.5		229.5	215.5	205.2	189.4	150.1
Sureste								
	Comalcalco:							
	a) Terciario	31.8		64.6	114.1	344.9	55.4	43.0
	b) Mesozoico						502.2	633.0
	Cd. Pemex[n]	547.2		635.3	672.4	691.5	727.2	647.8
	Subtotal	579.0		699.9	786.5	1 036.4	1 284.8	1 324.5
Marina								
	Campeche	—		—	—	—	—	—
Total		1 822.0		1 803.8	1 854.1	2 040.2	2 154.7	2 108.6

[*] En parte gas no asociado.
[n] Gas no asociado.
Fuentes: Pemex, *Memoria de labores, 1970-1977* y *Anuario estadístico, 1984*.

Reynosa, los que explotados en forma relativamente intensa durante cerca de 30 años, comenzaron a mostrar un franco agotamiento desde mediados de los setenta. Esta situación provocó una peligrosa escasez de este hidrocarburo para los consumidores de los estados fronterizos del noreste y explica en parte el sostenido aumento de las importaciones de gas natural procedentes de E.U. hasta 1971.[51] El desarrollo de un nuevo campo, cerca de Nuevo Laredo —Ciudad Anáhuac—, compensó en

[51] Véase el cuadro 17 en el Anexo estadístico.

Cuadro III.2
Reservas probadas de hidrocarburos a finales de cada año, 1970-1976

		1970	*1971*	*1972*	*1973*	*1974*	*1975*	*1976*[4]	*(1977)*
Hidrocarburos totales[1]		5 567.502	5 428.308	5 387.813	5 431.704	5 773.446	6 338.313	11 160.888	(16 001.628)
(MMB)	Zona Norte	1 176.158	1 172.349	1 170.317	1 154.530	1 174.532	1 209.057	(2 352.579)	
	Centro	2 462.825	2 428.123	2 362.455	2 301.177	2 258.587	2 386.313	(2 613.621)	
	Sur	1 928.519	1 827.836	1 855.041	1 975.997	2 340.327	2 742.943	(6 194.688)	
Petróleo[2]		3 288.371	3 234.452	3 105.54	3 269.367	3 541.035	3 953.578	(6 435.681)	
(MMB)	Norte	486.497	467.090	468.59	436.541	419.610	431.276	(539.787)	
	Centro[3]	1 847.537	1 824.507	1 640.396	1 722.251	1 693.155	1 750.100	(1 714.457)	
	Sur	954.337	942.855	996.545	1 110 575	1 428.270	1 772.202	(4 181.437)	
Gas natural		11 395.648	10 969.281	10 752.073	10 811.689	11 185.034	11 923.683	(19 409.364)	(27 868.254)
(MMMPC)	Norte	3 448.303	3 526.303	3 508.584	3 589.953	3 774.591	3 888.933	(7 924.309)	(11 260.226)
	Centro[3]	3 076.444	3 018.108	2 950.993	2 894.616	2 850.162	3 181.051	(3 619.084)	(3 647.689)
	Sur	4 870.902	4 424.870	4 292.496	4 327.120	4 560.281	4 853.699	(7 866.471)	(12 960.339)

[1] Incluye petróleo crudo, líquidos de gas y gas natural. La citada fuente considera que 5 000 pies cúbicos de gas natural son equivalentes a un barril de petróleo.

[2] Se trata de hidrocarburos líquidos-crudo, condensados y líquidos de gas.

[3] Incluye Poza Rica y Angostura.

[4] En 1976, salvo la cifra relativa a hidrocarburos líquidos totales, el resto de las cifras, que aparecen entre paréntesis fueron publicadas por la *Memoria de labores, 1977.*

Fuente: Pemex, *Memoria de labores, 1970-1977.*

forma mínima dicha escasez.[52] Lo preocupante de este proceso de declinación natural, que acusaban los campos del distrito Frontera Noreste, provenía del hecho de que la disponibilidad de gas natural en la Zona Norte corría por cuenta del mencionado distrito. Los dos restantes: Norte (Ebano-Altamira) y Sur (Cerro Azul-Naranjos), contaban con, aproximadamente, 15% del total de gas natural disponible (en promedio para el periodo 1970-1976). Estos volúmenes de gas disponible que de entrada se reducían por el alto contenido de CO_2, eran utilizados por Pemex con excepción de pequeños volúmenes conducidos hacia Tampico Madero.

La segunda razón tiene que ver con el escaso éxito alcanzado por las actividades de perforación en la zona, más que con una desatención por parte de Pemex en materia de perforaciones exploratorias y de desarrollo.[53] Entre los años 1970 y 1976, se perforaron alrededor de 35 pozos promedio al año, cifra que resulta relativamente elevada al compararla con la actividad desplegada por Pemex en otras zonas —con excepción de la Zona Sur—, e igualmente con respecto a lo acontecido en sexenios anteriores.[54] Fenómeno similar es el que se constata en relación con el número de pozos de desarrollo perforados 37 en promedio anual para el periodo 1970-1975. A pesar del ritmo relativamente intenso de las actividades exploratorias y de desarrollo en estos años, los resultados en términos de incrementos, tanto en la producción (al experimentar un decremento cercano a 3% anual), como de las reservas de la Zona Norte (que registraron un incremento cercano a 2.4% promedio anual),[55] fueron bajos comparados con los resultados obtenidos en la Zona Sur.

Se puede agregar una tercera, a las razones antes aludidas, que pudo haber incidido en las decisiones tomadas por Pemex, respecto al desarrollo de gas natural en la zona. Ésta se deriva de la incosteabilidad de los proyectos ligados a la explotación de gas natural y los precios a los cuales era vendido. Buen ejemplo de eso lo constituía el caso del gas extraído en Reynosa. En 1975, su costo estimado era de $ 0.30 por m³. El costo de transporte era de aproximadamente $ 0.10 por m³. Para ese mismo año e incluso hasta noviembre de 1976, el precio del gas natural para usos comercial y doméstico en Monterrey, principal ciudad consumidora del norte de la República, era de sólo $0.13 por m³ y el gas

[52] Según *Memoria de labores, 1975*, los 31 pozos exploratorios perforados en el noreste entre 1971 y 1975, permitieron el descubrimiento de 3 campos de gas. Bucanero 1, Buena Suerte 2-A y el campo Anáhuac 101.

[53] Véanse los cuadros 18 y 19 en el Anexo estadístico.

[54] Véase el cuadro 20 en el Anexo estadístico.

[55] Véase el cuadro 21 en el Anexo estadístico.

para uso industrial era de \$ 0.175,[56] es decir, sensiblemente menor al costo estimado de \$0.30.

La Zona Centro disminuyó drásticamente su aporte al total de gas natural producido en el país. De un total de 348.3 MMPCD producidos en 1970 (19% del total nacional), descendió a 173.6 MMPCD en 1976, lo que representaba un exiguo 6.3% del total (cuadro III.1). A lo largo del periodo 1970-1976, el descenso de la producción de gas natural en la zona fue constante y tuvo lugar en todos sus distritos. La caída en la producción de gas asociado en el distrito de Poza Rica, al que correspondía cerca de 90% de la producción obtenida en la zona en 1970, fue drástica. En 1976, se produjeron sólo 133.7 MMPCD contra 310.3 MMPCD en 1970. En el distrito de Papaloapan la producción descendió de 38.0 MMPCD en 1970, y a 25.7 en 1976.

La declinación en la producción de gas natural en la zona se debió al cierre de numerosos pozos productores de crudo y gas asociado,[57] al desaprovechamiento de gas asociado producido en otros (tal fue el caso del gas extraído en Atún), y finalmente la disminución en la relación gas/aceite, que en el caso de Poza Rica, pasó de 1 859.6 MMPCD por barril de aceite en 1971 a sólo 1 100.3 MMPC por barril en 1976.[58]

Es probable que ante la pérdida de presión, constatada en los yacimientos de crudo, se haya decidido, entre otras medidas, mantener una baja relación gas/aceite, lo que por lo demás constituiría un acierto, ya que casi en su totalidad, el gas asociado producido era enviado a la atmósfera o quemado. A las razones aludidas, cabría añadir que en esta zona tanto la perforación exploratoria como la de desarrollo, fue reducida,[59] comparada con lo realizado en la Zona Sur.

Las reservas probadas de gas en la zona mencionada, prácticamente mantendrían su nivel durante el periodo 1970-1975, no sin antes haber registrado un paulatino descenso entre los años 1971 y 1974 (cuadro III.2).

En lo que respecta a las zonas Sur y Sureste, se aceleró el desarrollo de los campos ubicados en los distritos de Ciudad Pemex, El Plan y Comalcalco, lo que dio como resultado que la producción de ambas zonas aumentase significativamente. En 1970, la producción de éstas era de 782.5 MMPCD y su participación relativa en el total nacional era cercana a 43%. En 1976, al producirse 1 474.6 MMPCD, dicha participación relativa ascendió 70% (cuadro III.1).

El comportamiento de la producción de gas natural en cada una de las dos últimas zonas no fue homogéneo. Así, en la Zona Sur, que com-

[56] Gutiérrez Cantú, Jesús, "Economía de los energéticos: el gas natural en México como un problema de asignación de recursos". Investigación realizada para la obtención de la Maestría en Economía. Universidad Autonóma de Nuevo León, 1979.

[57] Sordo, Ana María. "La explotación..." *op. cit.*, pp. 229 y 230.

[58] Véase el cuadro 22 en el Anexo estadístico.

[59] Véase el cuadro 23 en el Anexo estadístico.

Cuadro III.3
Relación reservas/producción de gas natural, 1970-1975
(millones de pies cúbicos-MMPC)

	Reservas	*Producción*	R/P (*años*)
1970	11 395 649	665 026	17
1971	10 969 281	643 416	17
1972	10 752 073	660 232	16
1973	10 811 689	676 750	15
1974	11 185 034	744 673	15
1975	11 923 683	786 458	15

Fuente: cuadros III.1 y III.2.

prende los Distritos de Agua Dulce, El Plan y Nanchital, la producción de gas natural disminuyó en 53.4 MMPCD en el periodo 1970-1976. La disminución observada en el Distrito de Agua Dulce —principal distrito productor de la Zona Sur—, no pudo ser compensada por el aumento logrado en la producción de gas no asociado, proveniente del Distrito El Plan, aunado al hecho de que la producción de Nanchital continuó siendo marginal (cuadro III.1).

Lo opuesto sucedió con los distritos del Sureste, tanto en Comalcalco como en Ciudad Pemex (cuadro III.1). En este último distrito, cuya producción consiste en gran parte en gas no asociado, el aumento de la producción se debió a la incorporación de nuevos mantos, gracias a que se imprimió un mayor desarrollo a las exitosas localizaciones obtenidas por las actividades exploratorias, efectuadas en el sexenio anterior en los campos Hormiguero y Usumacinta. La producción en Ciudad Pemex se incrementó en forma continua hasta 1975. En 1970, era de 547.2 MMPCD pasando en 1975 a 727.2 MMPCD, lo que significaba un aumento de 75% (cuadro III.1). En 1976 disminuye ligeramente (647.8 MMPCD), como resultado del cierre de algunos pozos. Tal decisión fue tomada con el fin de aprovechar el gas asociado que se extraía en Comalcalco (Reforma), y de esta forma disminuir los altos volúmenes de gas enviados a la atmósfera. Cabe hacer notar que la extracción de gas en los campos de Ciudad Pemex, especialmente en Hormiguero (gas húmedo), fue baja en relación con su capacidad productiva potencial, debido a que en la zona no se contaba con un número suficiente de plantas procesadoras para recuperar los gases licuados.[60] La capacidad de pro-

[60] Pemex, Gerencia de Explotación, *Documento interno*, México, mayo, 1971. Una sección de Hormiguero no requería más que deshidratadores por el hecho de contener gas seco. Iguales eran las condiciones en el campo Usumacinta.

cesamiento con que se contaba en la Zona Sur se destinó al aprovechamiento de gas asociado, que se estaba quemando en Reforma, posponiendo o relegándose, por periodos, la extracción en Ciudad Pemex.

El aumento en la producción de gas en el distrito de Ciudad Pemex, también pudo haberse debido al aumento concedido al ritmo de las extracciones. Es lo que puede suponerse al no constatarse perforaciones significativas de pozos adicionales,[61] pese a la intensa actividad desplegada por Pemex, tanto en la Zona Sur como Sureste, en lo que a exploración y desarrollo se refiere.[62]

Pero sin duda, los resultados positivos registrados por la Zona Sureste, en términos de aumento en la producción, se debieron a los descubrimientos de los yacimientos extraordinariamente ricos realizados en 1972: Reforma, Sitio Grande y Cactus, poseedores de una alta relación gas/aceite.[63] Lo que propició aquello fue la intensa actividad desplegada por Pemex con el fin de incrementar la producción de crudo en dicha zona.

La producción de gas natural en el Distrito de Comalcalco (gas asociado), pasaría de 31.8 MMPCD (terciario) en 1970 a 676.0 MMPCD (terciario y mesozoico) en 1976. La importancia de los volúmenes producidos por la zona y el distrito citados, quedaría confirmada de esta manera y ambas pasarían a ocupar el primer lugar —como zona y distrito respectivamente— en la producción de gas natural a nivel nacional.

En suma, desde 1970 hasta 1975, el aumento en la producción de gas natural a nivel nacional fue sostenido pero lento, registrándose una leve disminución en 1976. Este lento crecimiento en la producción se debió, en última instancia, a los decrementos registrados en las producciones de gas provenientes de las zonas Sur, Norte y Centro no compensados por los incrementos obtenidos en la Zona Sureste (cuadro III.1).

De los 2 108.6 MMPCD producidos en 1976, aproximadamente 1 532.4 MMPCD correspondieron al gas no asociado (49.9% del total) y 1 055.2 MMPCD al asociado (50.1%).[64] Las mencionadas participaciones en el volumen total producido dan cuenta de un paulatino pero importante cambio gestado desde principios de los setenta. En efecto, la participación del gas natural asociado se fue incrementando año tras año debido al incremento en el total del gas proveniente de la Zona Sureste, gas amargo y húmedo en su mayor parte. Eso tendería a hacer más complejo y difícil el aprovechamiento del gas natural.

El lento crecimiento experimentado por la producción de gas natural durante el sexenio 1970-1976, afectó no sólo los niveles de consumo

[61] Véase el cuadro 19 en el Anexo estadístico.

[62] Véanse los cuadros 20 y 24 en el Anexo estadístico.

[63] Alrededor de 1 900 MMPC de gas por barril de aceite en promedio.

[64] Parte de la producción de gas proveniente de Papaloapan era no asociado.

interno, sino también —aunque el impacto fuese menor por lo marginal en términos de volumen— las ventas al exterior, lo que se traducía en un cuadro de dificultades más o menos similar al que debía enfrentar Pemex a inicios de los setenta en lo que a disponibilidad de gas natural se refiere.

De acuerdo con estimaciones realizadas por el IMP, en 1975,[65] la demanda nacional de gas insatisfecha en 1976, se incrementó a 318.5 MMPCD con respecto a 1970, lo que equivalía a un poco más de 22% del consumo nacional. En la medida en que se trataba sólo de estimaciones, resulta arriesgado afirmar, a partir de estas cifras solamente, que Pemex no fue capaz de hacer desaparecer el creciente déficit de abastecimiento de gas natural. Sin embargo, tal afirmación encuentra mayor firmeza al comprobarse el hecho de que a lo largo del periodo, entre 1970 y 1976, se mantienen —aunque en volúmenes decrecientes— las importaciones de gas natural, y al observarse el dinámico crecimiento en el consumo nacional del combustóleo. En efecto, a lo largo del mismo periodo, las importaciones de gas natural se mantuvieron debido a la insuficiente construcción de gasoductos e instalaciones (salvo en Reynosa). La construcción de éstos en la Zona Norte estaba sujeta a la costeabilidad del (o los) proyecto(s), lo que a su vez estaba determinado por la existencia de reservas de gas considerables, las que en los hechos habían aumentado muy escasamente, aunque como consecuencia de un nuevo método de cuantificación aumentaron 100% de 1975 a 1976 (cuadro III.2). En lo que respecta al combustóleo, es perfectamente válido sostener que el dinámico crecimiento observado en su consumo a lo largo del periodo, comparado con el experimentado por el a gas natural,[66] se debió en parte al déficit en el abastecimiento de gas natural y a que el combustóleo podía utilizarse en el sector eléctrico y en un gran número de industrias establecidas a lo largo del gasoducto Reynosa-Monterrey-Chihuahua, gracias a que poseían quemadores duales, pese a que cierto número de industrias no podían o simplemente no deseaban usar combustóleo.[67]

A manera de conclusión, el lento e insuficiente crecimiento observado en la producción de gas natural, durante la primera mitad de los

[65] Instituto Mexicano del Petróleo (IMP), Subdirección de Estudios Económicos y Planeación Industrial. *Plan de desarrollo de la industria petrolera y petroquímica básica, 1976-1985*, México, 1975, véase el cuadro 13 en el Anexo.

[66] Véase el cuadro 25 en el Anexo y gráfica 2.

[67] Al respecto, el entonces director general de Pemex, ingeniero Antonio Dovalí, sostuvo: "... el desarrollo urbano e industrial no será frenado por la carencia de energéticos, siempre que los consumidores obren de acuerdo con una política nacional, de usar en forma racional los productos de Pemex. Un gran número de industrias establecidas a lo largo del gasoducto Reynosa-Monterrey-Chihuahua, pueden sin perjuicio, quemar combustóleo que abunda, en vez de gas natural que escasea por el momento". *Informe rendido ante el presidente Luis Echeverría A., el 18 de marzo, en Tula, Hgo.* Pemex, 1973, p. 13.

setenta, se explica tanto por los insuficientes yacimientos de gas no asociado con reservas de importancia incorporados; al cierre de algunos pozos productores de gas no asociado con el fin de aprovechar el gas asociado producido; así como por la falta de instalaciones de recolección oportunas para aprovechar el gas asociado producido.

El que finalmente se hubiesen impuesto las metas de producción de crudo sobre las relativas a las de gas no fue grave en sí, y en última instancia era el camino correcto.[68] Lo deplorable fue que no existió coordinación entre las inversiones dedicadas a la explotación de crudo y las de recolección, procesamientos y distribución de gas natural asociado extraído. Esto explica los altos volúmenes de gas quemado y asimismo da cuenta de la subutilización de recursos invertidos en la perforación, y terminación de pozos productores de gas asociado, cuyo cierre, si bien sugería una conducta más racional con respecto a la explotación y aprovechamiento, impidió superar los problemas de abastecimiento de gas surgidos a inicios del sexenio del presidente Echeverría.

Uno de los problemas más importantes, al cual Pemex debió abocarse para hacer frente al déficit en el abastecimiento de gas natural, era el insuficiente aprovechamiento que se hacía de él. Antes de abordarlo resulta útil comentar lo que sucedía en otras regiones o países productores de este fluido.

En las primeras páginas de este estudio, se menciona que a principios de los setenta, la quema de gas asociado al crudo constituía un fenómeno casi generalizado en el conjunto de países no industrializados, poseedores de este hidrocarburo. Al evaluar los datos relativos a las producciones de gas natural asociado y la parte de éstas que ha sido desaprovechada en países desarrollados y en desarrollo, es posible sostener la existencia de una cierta correlación en los primeros entre el grado de industrialización y el bajo porcentaje de desaprovechamiento de gas natural en los segundos; por el contrario, la existencia de un bajo nivel de industrialización y un alto porcentaje de volúmenes de gas desaprovechados. Sin pretender establecer una relación causal entre industrialización y aprovechamiento de gas natural asociado, es evidente que el desarrollo otorgado a la industria en los países desarrollados (particularmente petroquímica, y en menor medida, la industria del acero) se transformó en un impulso necesario y, en algunos casos, formidable para la utilización eficaz del gas natural. Lo que queda por aclarar

[68] Debe recordarse de que a principios de los setenta, Pemex obtenía a partir de derivados (el combustóleo y el dísel), sustitutos del gas natural como carburante, a costos relativamente más bajos —en explotación y proceso—, lo que aunado a la estructura de precios, hacían que la empresa obtuviera mayores ingresos por la venta de estos derivados. En 1971, la venta de un barril de gas natural (equivalente a combustóleo), representaba un ingreso de 20.20 pesos, la del combustóleo 24.34, y la del dísel 56.85. Véase Pemex, *Anuario estadístico, 1982*, México, 1983.

es que México no era uno de los típicos "países en desarrollo", sino que de acuerdo con la clasificación internacional en boga era un país en la etapa de industrialización, aunque incipiente; correspondía a uno de los llamados "NIC's".

En el caso de México, la evolución de las actividades ligadas al aprovechamiento de gas asociado posee elementos específicos que la diferencian, tanto de países cuyo gas natural asociado era quemado casi en su totalidad y aún a principios de los ochenta continuaba siéndolo, como de aquellos en los que desde los inicios de la industria petrolera, se les destinaron recursos suficientes para aprovechar el gas natural asociado, lo que ha permitido que ostenten un nivel de bajo desaprovechamiento o cercano al técnicamente factible.

El problema del desaprovechamiento en México, subsiste desde antes de los años treinta. Con la construcción del complejo petroquímico de Poza Rica[69] y la instalación de las primeras plantas endulzadoras y de absorción, en 1946, se dan los primeros pasos para recuperar los licuables de gas natural, iniciar la recuperación secundaria de crudo y comercializar el gas mediante un gasoducto para su transporte desde ese centro productor a la ciudad de México.

En años venideros, la capacidad de tratamiento de gas natural se vería incrementada por la instalación de nuevas plantas y ampliaciones. De éstas destacan:

— las ampliaciones realizadas en Poza Rica a las plantas de tratamiento de gas, en 1950, permitió hacer pasar la capacidad de 75 a 120 MMPCD; una segunda ampliación, en 1955, que tenía una planta purificadora de gas (con capacidad de 150 MMPCD); una de absorción (75 MMPCD); una segunda deshidratadora (100 MMPCD), y una endulzadora y desetanizadora de propano;
— en Reynosa, una planta que fue construida en 1955 (con capacidad de 300 MMPCD);
— en Ciudad Pemex, las instalaciones comprendían el sistema de recolección de gas, la planta de absorción (con capacidad de 300 MMPCD) y el sistema de reinyección de gas al yacimiento. Esta planta hizo posible iniciar el aprovechamiento de gas proveniente de Macuspana. A principios de 1947, la capacidad de absorción era de 75 MMPCD y a fines de los cincueta ascendía a 840 MMPCD.[70]

El aumento en la producción de gas provocó que su uso se comenzara a hacer en mayor escala. A su vez, en consonancia con los incre-

[69] Snoeck, Michele, *La industria petroquímica...*, *op. cit.*, pp. 15 y 16.

[70] Bermúdez, Antonio J. *Doce años al servicio de la industria petrolera mexicana, 1947-1958*, Editorial Comaval, México, 1960.

mentos en las capacidades de tratamiento y proceso, se vio la necesidad de iniciar la instalación de 152 compresoras distribuidas de la manera siguiente: 74, a la Zona Sur; 52, a Poza Rica, y 26 al Distrito Frontera Noreste. En 1969, se encontraban 119 compresoras en operación[71] y en 1970 se instalaron las restantes. Esfuerzos similares se realizaron en lo que respecta a los gasoductos.

Sin embargo, la quema de gas continuó siendo significativa. En 1970, los volúmenes de gas, quemados o enviados a la atmósfera, fueron de 476 MMPCD, lo que representaba 26% de la producción total, 35% del gas utilizado y un poco más de 60% de los volúmenes destinados a ventas internas (cuadro III.4).

Los altos volúmenes de gas quemado eran el resultado de la apremiante tarea de incrementar la producción de crudo, exigencia impuesta por el ritmo de crecimiento experimentado por la demanda que había involucrado crecientes importaciones de productos petrolíferos.[72]

De existir un real interés por colmar el déficit en el abastecimiento de gas, mediante la disminución en los volúmenes de gas quemados, la tarea para la nueva administración de Pemex consistía en formular y ejecutar planes y programas acordes y coherentes con los establecidos para el crudo, cuyas prioridades eran fundamentales.

La eficacia de las medidas instrumentadas por la nueva administración, con el fin de aprovechar el gas natural producido, pueden ser evaluadas a partir de lo sucedido en las zonas Centro y Sur, por ser las más importantes productoras de gas asociado.

En 1970, ambas zonas concentraban los pozos productores de gas asociado más prolíficos. La producción de ambas —excluida la obtenida en los distritos de Papaloapan (Zona Centro) y Ciudad Pemex (Zona Sur), por ser el primero marginal y el segundo productor de gas no asociado— totalizaba 544.1 MMPCD lo que representaba 32% de la producción total de gas natural y 75 del total de gas asociado producido.

El distrito de Poza Rica era el más importante de la Zona Centro. En 1970, su producción total fue de 309.4 MMPCD y los volúmenes de gas quemado fueron 224.5 MMPCD. Tal volumen representaba 72.5% del total producido, reduciéndose a sólo 84.9 MMPCD los volúmenes aprovechados (cuadro III.5).

La Zona Sur, que comprendía, por orden de importancia, los distritos de Agua Dulce, El Plan, Comalcalco y Nanchital, produjo en 1970

[71] Pemex, *Memoria de labores*, varios años, 1965-1969, México.

[72] Entre los años 1965 y 1970, las importaciones de gasolina aumentaron 680%, las de dísel un poco más de 1 500 y las de combustóleo 47. Las importaciones no obedecieron exclusivamente al rezago de la producción de crudo, pero a esto se debió gran parte del comportamiento observado. Véase Sordo, Ana María, *La explotación de petróleo...*, *op. cit.*, p. 24.

Cuadro III.4
Aprovechamiento y quema de gas natural, 1970-1976
*(millones de pies cúbicos diarios-MMPCD)**

	1970	*1971*	*1972*	*1973*	*1974*	*1975*	*1976*
Producción	1 822	1 763	1 804	1 854	2 040	2 155	2 109
Utilización	1 346	1 321	1 386	1 498	1 543	1 637	1 603
Ventas internas	769.6	825.2	847.3	926.8	905.6	932.6	886.4
Gas quemado	476	422	418	356	497	518	492
Gas quemado producción (%)	26	25	23	19	24	24	23
Gas quemado/a gas utilizado (%)	35	32	30	24	32	32	31
Gas quemado/ ventas internas (%)	62	51	49	38	55	56	56

* Las cifras fueron redondeadas.
Fuente: cuadro II.4.

Cuadro III.5
Distrito Poza Rica[a]
Aprovechamiento de gas asociado, 1970-1975
(millones de pies cúbicos diarios-MMPCD-a 1 kg/cm² y 20°C)

Año	*Producción total*	*Gas quemado*	*Gas aprovechado*	*Gas quemado (%)*
1970	309.4	224.5	84.9	72.5
1971	269.1	161.3	107.8	60.0
1972	227.3	108.7	118.6	47.8
1973	202.9	81.2	121.7	40.0
1974	188.7	83.1	105.6	44.0
1975	157.0	74.7	82.3	52.0

[a] Incluye a Faja de Oro.
Fuentes: Pemex. *Memoria de labores, 1970-1976*, México; e IMP, *Plan de Desarrollo de la industria Petroquímica Básica, 1976-1985, Procesamiento del gas natural*, t. 5, pp. 6-62.

un total de 234.7 MMPCD de los cuales eran quemados 179.4 MMPCD, es decir 76.4% y aprovechados sólo 55.3 MMPCD (cuadro III.6).

Con el fin de mitigar el problema del insuficiente aprovechamiento, la nueva administración consideró pertinente incrementar la capacidad instalada en las plantas de proceso, así como las líneas de recolección y de transporte, en la medida en que los altos volúmenes de gas quemado se debían a que no se contaba con capacidad suficiente en las instalaciones necesarias para su aprovechamiento, como desulfuradoras, de absorción o criogénicas, compresoras y gasoductos troncales.[73]

En el distrito de Poza Rica la producción de gas de formación disminuyó continuamente hasta llegar a 157.0 MMPCD en 1975, debido a la declinación de los campos. Si bien los volúmenes de gas quemado se redujeron a 52% de la producción en 1975, de 72.5% que se quemaba en 1970 (cuadro III.5), la quema continuó siendo significativa. La disminución en los volúmenes quemados se debió al decremento en la producción de gas de formación y también a un mejoramiento en la eficiencia en el uso del gas producido y de la capacidad de procesamiento con que se contaba.

En 1970, se contaba con una planta de absorción, que incluía la sección de endulzamiento, con una capacidad de 240 MMPCD. Según estimaciones,[74] su capacidad aprovechada fue ligeramente superior a 100%[75] lo que redundó en un mayor aprovechamiento del gas extraí-

Cuadro III.6
Zona Sur[a]
Aprovechamiento de gas asociado, 1970-1975
(millones de pies cúbicos diarios-MMPCD-a 1 kg/cm² y 20°C)

Año	*Producción total*	*Gas quemado*	*Gas aprovechado*	*Gas quemado (%)*
1970	234.7	179.4	55.3	76.3
1971	260.3	200.7	59.6	77.1
1972	294.1	240.1	54.0	81.7
1973	329.1	215.3	113.8	65.4
1974	548.6	398.5	150.1	72.6
1975	744.9	425.7	319.2	57.1

[a] Excluye a Ciudad Pemex.
Fuente: IMP. *Ibid.*, pp. 6-23.

[73] Pemex, *Informe del director general de Petróleos Mexicanos*, varios años, 1970-1975, México.
[74] IMP, *op. cit.*, cuadro 5, pp. 6-15.
[75] Véase el cuadro 26 en el Anexo estadístico.

do. Se contaba con pequeñas plantas de rocío, utilizadas únicamente para acondicionar gas para bombeo neumático. El que a fines de 1975 aún se quemase poco más de 50% del gas producido, se debe a que la planta de absorción con la que contó, junto a las pequeñas plantas de rocío, no fueron suficientes para procesar el gas de formación, más el de bombeo neumático.[76] A esto debe agregarse que lo extendido y diversificado de los campos dificultaba la recolección de gas producido para su posterior procesamiento.

De acuerdo con estudios realizados en 1975 por el Instituto Mexicano del Petróleo, se estimaba que con la entrada en funcionamiento de una planta criogénica,[77] prevista para principios de 1976, los volúmenes de gas aprovechados aumentarían. La planta, con una capacidad de procesamiento de 300 MMPCD de gas amargo, permitió que la capacidad instalada en el distrito aumentase a 540 MMPCD, capacidad mucho mayor que el volumen de gas manejado hasta 1975.

El caso de la Zona Sur se presentaba distinto desde el momento en que, a lo largo del periodo, la producción de gas de formación en los campos aumentó 88% —de incluirse el Distrito de Ciudad Pemex (gas no asociado)— y 31%, de considerarse solamente la producción de gas asociado. En efecto, la producción de gas de formación —excluida la proveniente de Ciudad Pemex—, pasó de 234.7 MMPCD en 1970, a 744.9 en 1975. La participación relativa de la producción de gas asociado en el total de la zona pasaría de 30% en 1970 a 50 en 1975. Sin embargo, el aumento sostenido que experimentó la producción de gas asociado, no fue seguido de un mayor aprovechamiento como se comprueba al comparar los volúmenes de gas enviado a procesamiento y la evolución de la capacidad de procesamiento de la zona en su conjunto (La Venta y Ciudad Pemex).[78]

En 1970, se quemaba en la zona un poco más de tres cuartas partes del gas asociado producido y en 1971, la producción aumentó casi en forma proporcional a la del gas quemado (cuadro III.6). Esto se debió a que en el área de influencia de la unidad de procesamiento de La Venta, Tab., una parte del gas asociado al crudo se quemaba porque aún no se habían instalado suficientes líneas de recolección y compresoras para conducirlo a las plantas de procesamiento y porque la capacidad, en la zona, era inferior al volumen de gas de formación, más el gas seco utilizado en bombeo neumático.[79] A partir de 1972, pese a que la capacidad de procesamiento aumentó, al pasar de 152 a 382 MMPCD, el

[76] Véase el cuadro 27 en el Anexo estadístico.

[77] Producto del desarrollo tecnológico, el procesamiento de gas se modificó sustituyéndose las antiguas plantas de absorción, por las criogénicas, más eficientes en la separación del etano y del propano.

[78] Véanse los cuadros 28, 29, 30 y 31 en el Anexo estadístico.

[79] Véase el cuadro 32 en el Anexo estadístico.

volumen de gas procesado aumentó sólo 19% en 1973. A partir de 1974 mejoró el índice de aprovechamiento de las plantas, y al año siguiente se utilizó 91% de la capacidad instalada, además, se procesó el gas proveniente del área Reforma-Villahermosa, endulzado en la unidad de procesamiento de Cactus.[80]

En 1972, en el área Reforma-Villahermosa, en donde el gas producido es asociado y además amargo, no se contaba con ninguna instalación para su procesamiento ni utilización, de allí que el gas asociado que se comenzó a producir ese año se quemó en su totalidad. A partir de 1975, y como resultado de la entrada en operaciones de las instalaciones para su endulzamiento (en el centro petroquímico de Cactus), y para su transporte a las unidades de procesamiento de La Venta y Ciudad Pemex, se pudieron aprovechar 191 MMPCD provenientes de estos campos, lo que representó 38% de su producción. El resto continuó quemándose.

En suma, se ve que a partir de 1973, en lo que respecta al gas asociado en la Zona Sur (cuadro III.6), aumentó notablemente el volumen de gas aprovechado, como resultado del aumento en la capacidad de procesamiento en La Venta y más tarde por la entrada en operación (1975), de las instalaciones para endulzamiento y transporte de gas dulce a las plantas de procesamiento.[81] Pese a todo lo anterior, en 1975 aún se quemaban 425.7 MMPCD, lo que representaba 57% de la producción de gas asociado.

Las razones que en última instancia explican la manutención de importantes volúmenes de gas quemado durante el sexenio son:

i) el retraso en la construcción de plantas e instalaciones para el aprovechamiento de gas natural asociado producido, debido a que los recursos financieros con los cuales se contaba, se otorgaban en forma prioritaria a la creación de la infraestructura para la explotación del crudo;

ii) retraso en la disponibilidad de las instalaciones desde el diseño hasta su puesta en funcionamiento, y

iii) la ausencia de coordinación entre las dependencias encargadas de la elaboración y ejecución de programas de actividades para el crudo, y aquellas encargadas del aprovechamiento del gas natural, pese a que en reiteradas ocasiones tal necesidad de coordinación había sido planteada por los más altos ejecutivos de Pemex.

i) La demora en la construcción de plantas e instalaciones para el aprovechamiento de gas asociado fue consecuencia directa de la relativa incompatibilidad de tareas y objetivos, encomendados a Pemex por el gobierno de Luis Echeverría, derivados del modelo de "desarrollo compartido" propuesto. Por un lado, se exigía a la empresa lograr la au-

[80] IMP, *op. cit.*, t. 5, pp. 6-22.
[81] IMP, *ibid.*, pp. 6-23.

tosuficiencia energética, y por otro, ser rentable, en el sentido de operar con utilidades que permitieran financiar el desarrollo de la empresa sin comprometer la estabilidad financiera del estado con endeudamientos excesivos. La alarmante situación producida por la disminución de reservas y la producción de crudo que motivaron crecientes importaciones en volúmenes y costos de productos petroleros y petroquímicos, ponían en duda la autosuficiencia energética y aumentaban los obstáculos para la consecución de los objetivos perseguidos por el esquema de "desarrollo compartido" propuesto. Esta situación significaba para Pemex, como medida prioritaria, estimular las actividades relativas a la explotación de crudo, intensificando la exploración y la producción, y paralelamente, las actividades relativas al almacenamiento, conducción y distribución final. Asimismo, se hacía preciso aplicar medidas restrictivas para atenuar el crecimiento experimentado por el gasto corriente, que no fuera compensado con aumentos en la productividad y, en forma simultánea, se hacía perentorio una revisión de la política de ingresos seguida —o a la que había tenido que resignarse la empresa— particularmente en lo tocante a la política de precios y subsidios y de la participación de la empresa en los impuestos estatales.

La revisión de la política de precios y la aplicación de medidas restrictivas, como las mencionadas bajo la conflictiva situación financiera, en la cual se desenvolvía Pemex, exigía no solamente una restructuración de precios de los productos que la empresa ofrecía,[82] sino que a la vez imponía, desde el punto de vista económico, y a corto plazo, dedicar la mayor parte de los recursos financieros a la explotación de crudo.[83] El aprovechamiento del gas asociado no requería una atención tan urgente, confrontada con el riesgo o peligro de perder la autosuficiencia en petróleo crudo. Esto explica el hecho de que hasta 1973, la mayor parte de los recursos de la empresa fueran destinados a la perforación, absorbiendo un poco más de 40% en promedio del total del capital invertido, y explica también que otras actividades de la empresa, igualmente importantes en la consecución de una integración vertical mayor, como la del gas, fueran relegadas y diferidas en el tiempo.

ii) Pero no sólo las dificultades financieras y, por ende, las escasas inversiones destinadas al aprovechamiento del gas natural aparecen como los factores que explican su desaprovechamiento. A lo largo de todo el sexenio y en particular a partir de 1974, los programas de inversiones delineados comprendían el incremento en la capacidad de procesamien-

[82] Guzmán, Óscar. *Las finanzas ..., op. cit.*

[83] Entre 1971 y 1976, la producción de crudo aumentó 88%, mientras que la de gas natural sólo aumentó 20. Parte de la diferencia en los respectivos incrementos se explica, además de la razón aludida en el texto, por la disminución en la relación gas/aceite y cambios en la participación relativa entre gas no asociado y asociado.

to en plantas criogénicas, considerándose además la instalación de líneas de recolección, baterías de separación, plantas de tratamiento, compresoras y gasoductos. No obstante, dichos esfuerzos no fueron sostenidos, ni de la magnitud suficiente para los volúmenes de gas asociado disponibles, como se desprende de lo expuesto en páginas anteriores y, por añadidura, no resultaron funcionales respecto a las disponibilidades de gas por distrito. Incluso la puesta en operaciones de plantas, o bien se atrasaba o bien resultaba con rezago respecto a las necesidades que surgían. Tal parece haber sido el caso, en 1973, de los sistemas de recolección en la Zona Sur. Éstos no se construyeron con la premura debida, debido al parecer, a la necesidad también urgente de instalar importantes tramos de oleoductos y otras instalaciones petroleras en la zona.

El caso de las compresoras, no analizado en detalle anteriormente, debe ser destacado aquí. Como eran esenciales para represurizar el gas, a la salida de las baterías separadoras, su insuficiencia —en cuanto al número— provocó interrupción de la cadena que conforma el procesamiento del gas de formación. En algunas ocasiones no entraron oportunamente en operación por falta de coordinación los encargados de los proyectos junto con los de compras; asimismo, había serios retrasos (más de seis meses) desde la adquisición hasta la puesta en operación[84] de los sistemas de compresión.

ii) La ausencia de coordinación, a la cual se hace alusión, en parte fue resultado de la aceptación de las prioridades fijadas en relación con el crudo. La premura con que se exigía actuar, en lo que a las actividades relativas a la explotación de crudo se refiere, significó aumentar el ritmo de las actividades exploratorias de producción y proceso de dicho hidrocarburo e implicaba, a su vez, mayores volúmenes de gas producidos por procesar. Frente a esta dinámica, la actitud por parte de Pemex era más bien la de subsanar o remediar las insuficiencias, más que prever futuras necesidades.

No resulta innecesario señalar que las condiciones que imponía la producción de crudo hacían difícil la formulación y ejecución de políticas destinadas a hacer viable un mayor aprovechamiento del gas natural. En su lugar, programas de carácter contingente como fue la instalación de compresoras (programa iniciado a fines de los sesenta y completado a inicios de los setenta); la instalación de líneas de recolección y el incremento en las capacidades de tratamiento, por definición no podían suplantar un conjunto de acciones más coherentes y sostenidas que, contenidas en un plan —sexenal—, tomaran como referencia las prioridades establecidas para el crudo y comprendiera y cuantificara

[84] Sordo, Ana María "Producción de petróleo crudo y gas natural en México, 1970-1982. Factores que condicionaron las estrategias", inédito, Programa de Energéticos, El Colegio de México, 1985.

—aún en forma estimativa— las futuras necesidades que derivarían del incremento en la producción de gas.

A fines de 1976, y a nivel nacional, aún se quemaban importantes volúmenes de gas asociado, casi 500 MMPCD lo que representaba 23% de la producción, pese a que existía una capacidad ociosa cercana a 25 en promedio, en lo que a plantas de procesamiento se refiere y, lo que es más grave, el déficit en la disponibilidad de dichos hidrocarburos se mantuvo, aunque parte de éste pudo cubrirse con combustóleo y pequeños volúmenes de gas importado.

De la autosuficiencia a la abundancia, 1976-1982

La certidumbre de contar con abundantes recursos petrolíferos —conocidos desde antes de 1974—, aunado a los aumentos de precios del petróleo, iniciados en 1973 y 1974, otorgaron elementos de peso para que el gobierno de López Portillo impulsara una reorganización económica profunda que iría mucho más allá de las medidas de ajuste coyuntural tomadas a inicios del sexenio.[85]

Tal reorganización económica, inserta en una crisis económica de envergadura,[86] otorgaba al petróleo y a los hidrocarburos en general, un papel central en la solución a la crisis y la recuperación de la economía. Dicho en otras palabras, el gobierno de López Portillo convertiría al petróleo en la piedra angular de la estrategia de crecimiento económico propugnado, en la cual el sector externo dejaría de ser una limitación, merced a los crecientes volúmenes de hidrocarburos exportables, convirtiéndose en la principal fuente de financiamiento de dicho proceso de crecimiento.

Las prioridades eran otorgadas al restablecimiento de altas tasas de crecimiento económico y del empleo, al incremento en las inversiones, al fortalecimiento del sector público, al control del desequilibrio del sector externo y al mejoramiento de las condiciones socioeconómicas de los trabajadores.

Este listado de prioridades contrastaba con la ambigüedad reflejada por la imprecisa definición respecto al papel que debía desempeñar el petróleo en la consecusión de los objetivos propuestos. Aquella am-

[85] Rivera Ríos, Miguel Ángel, *Crisis y reorganización del capitalismo mexicano, 1960-1985*, Ediciones ERA, México, 1986.

[86] Algunos indicadores muestran: disminución en el ritmo de crecimiento del PIB (7.5% en 1973 a 2.1 en 1976); disminución en la tasa de crecimiento real anual de la inversión pública (33.2 en 1973 a -17.8% en 1976); disminución de la inversión privada (cuya tasa de crecimiento real anual pasó de 16.0% en 1974 a 3.2 en 1976) y el déficit global del sector público (-7.0% del PIB en 1974 pasó a -9.5 en 1976), entre otros. Véase Nafinsa, *La economía mexicana en cifras*, México, 1981.

bigüedad se mantiene por lo menos hasta mediados del sexenio, cuando se dan los pasos necesarios para articular las actividades petroleras con el resto de la economía.[87] No obstante la ausencia de este necesario marco global, desde los inicios del sexenio hasta la nueva administración de Pemex, dio a conocer lo que sería su programa de actividades y metas.[88] El Plan Sexenal de Pemex, 1977-1982, proponía incrementar en dos y media veces la producción de crudo, duplicar la capacidad de refinación, triplicar la capacidad productiva de la petroquímica básica y la producción de gas natural. Traducido en volúmenes en lo que respecta a crudo y gas natural, esto significaba producir 2.25 MMBD de crudo y líquidos de gas, 3 630 MMPCD de gas natural, generándose un excedente exportable de 1.1 MMBD de crudo y productos refinados. El plan al cual se alude no contemplaba la exportación de gas natural, sosteniéndose que a éste se le daría un mayor aprovechamiento en la petroquímica y como combustible industrial y doméstico.[89]

La obtención de tales metas exigiría, por parte de Pemex, la realización de cuantiosas inversiones: 310 000 millones de pesos, las mayores de su historia, que se distribuirían de la siguiente manera: exploración, 8%; explotación, 46%; refinación, 15%; petroquímica 17%; distribución y transporte, 13%, y varios, 1 por ciento.[90]

El que la mayor parte de los recursos financieros hayan sido destinados a las actividades primarias, en particular la explotación, reflejaba el ritmo febril que adquiría ésta en el nuevo sexenio.

La base de apoyo fundamental, para el logro de un ritmo de tal actividad, la constituían las reservas probadas de hidrocarburos para las cuales no sólo se preveía un desarrollo más intenso de las actividades exploratorias, sino que además se instrumentó un nuevo método de cuantificación de reservas,[91] que las hizo pasar de 6 338.3 MMB en 1975, a 11 160 MMB a fines de 1976. Esto, además de representar un incremen-

[87] Poder Ejecutivo Federal. *Plan Nacional de Desarrollo Industrial, 1979-1982*, México, 1979; *Plan Global de Desarrollo, 1980-1982*, México, 1980 y *Programa de Energía, 1980*, México, 1980.

[88] Además de hacerlo el nuevo presidente de la República, al tomar posesión de su cargo, Pemex lo haría en dos documentos; el primero, *Plan Sexenal de Pemex, 1977-1982*, México, D.F., diciembre de 1976; y el segundo (menos oficial, pero oficioso), "Plan de Inversiones de Petróleos Mexicanos para el sexenio, 1977-1982", *Petróleo Internacional*, vol. 35, núm. 1, enero de 1977, México, D.F., pp. 28-34; también publicado por *Ingeniería Petrolera*, México, D.F., diciembre de 1976.

[89] *Excélsior*, diciembre 24, 1976, México.

[90] El presupuesto por ejercer en el periodo 1977-1982, se estimó en 960 000 millones de pesos. Para mayor detalle véase Guzmán, Óscar, *Las finanzas...*, *op. cit.*, pp. 362 a 365.

[91] Este nuevo método tomaba en cuenta no sólo las reservas provenientes de los pozos perforados de desarrollo, sino que a través de métodos geoestadísticos, extrapolaba ciertas características conocidas del yacimiento al total de la formación, obteniéndose medidas promedio. Para mayores antecedentes véase Sordo, Ana María, "Evaluación...", *op. cit.*, p. 142, cuadro III.2.

to aproximado de 76% con respecto a los volúmenes de reservas establecidos en 1975 (haciendo pasar la relación R/P de 14 a 24 años), dio pie para que se crearan —como más adelante se constatará—, expectativas extremadamente optimistas respecto a la disponibilidad de gas natural.

Por su parte la meta de 3 600 MMPCD se preveía factible de alcanzar en virtud de que las reservas probadas de gas, cuantificadas con el nuevo método instrumentado, se elevaban a un poco más de 19 000 MMMPC al 31 de diciembre de 1976, lo que al ritmo de extracción previsto daba una relación R/P para 1982, de 15 años.

Las actividades exploratorias permitirían la localización a corto plazo, de áreas depositarias de hidrocarburos y evaluarían el potencial petrolero de gran parte del territorio nacional. En este sentido, el objetivo de Pemex era explorar 1.2 millones de km^2 en tierra firme y plataforma continental, lo que representaba 30% del territorio del país y 65 de las áreas con posibilidades de acumulación.[92]

En lo que respecta a la distribución territorial de las reservas de gas según las estimaciones de fines de 1976, la mayor parte se encontraba localizada en la Zona Norte (40.8%) y en la Zona Sur (40.5%). En la primera se trataba de gas no asociado y en la segunda tanto de reservas de gas asociado al crudo —la mayor parte— como de gas no asociado. El resto de las reservas se localizaban en el área de Poza Rica a Zona Centro (18.7 por ciento).

La meta fijada de 2.25 MMBD para la producción de crudo a fines de 1982 suponía una tasa de crecimiento promedio anual cercano a 20% a partir de 1977. Con este fin, las actividades exploratorias se concentrarían e intensificarían en el área de Tabasco-Chiapas (mesozoico), golfo de Campeche, Chicontepec, Arenque-Barracuda y Sabinas.[93] De este modo, la producción de gas quedaría estrechamente vinculada a la producción de crudo, por ser estas áreas productoras de gas asociado. Eso no sólo distorsionaría la distribución que por zonas existía de las reservas de gas, sino que haría más complejo aún el proceso de aprovechamiento del gas asociado producido.

Transcurridos sólo seis meses, después de haberse dado a conocer el Programa Básico de Pemex (incluido en el Plan Sexenal antes citado), éste sería modificado al anunciar el director general de Pemex, Jorge Díaz

[92] Sordo, Ana María, "La explotación...", *op. cit.*, pp. 69-71.

[93] El ya citado *Plan Sexenal de Pemex, 1977-1982* incluía cuatro programas; *Básico* (cuyas líneas esenciales fueron expuestas en el texto en páginas anteriores); el *Programa II*, que consideraba elevar la producción mediante recuperación secundaria; el *Programa III*, que contemplaba la perforación de un mayor número de pozos en Tabasco y Chiapas e incrementar la producción cada año en 50 000 BD, a partir de 1978, y por último, el *Programa Marino*, que proyectaba producir durante el sexenio, 118 500 BD en la plataforma marina de Campeche.

Serrano, en julio de 1977, la intención de exportar 2 000 MMPCD de gas a Estados Unidos a partir de 1980.[94]

Los cambios otorgados a los programas diseñados originalmente eran importantes, haciendo pasar la meta inicial de producir 3 600 a 4 897 MMPCD de gas natural en 1982.[95]

Lo que dio pie para que estos cambios ocurrieran, o al menos se propusieran, fueron por una parte, los promisorios resultados obtenidos por la intensa actividad perforatoria del área mesozoica de Chiapas y Tabasco, los primeros indicios del desarrollo de la plataforma marina de Campeche[96] y por otro, los "ajustes al crecimiento de consumo nacional de gas, para tener un crecimiento de sólo 4% anual".[97] El ritmo de crecimiento al cual se pretendía restringir el consumo de gas natural —menor a 7% registrado durante los últimos seis años—, quedaba estrechamente ligado a las nuevas metas de exportación masiva de gas, propuesta por el Pemex de Díaz Serrano.

Entre noviembre de 1976 y junio de 1977, el promedio de producción de aceite y líquidos pasó de 907 000 a 1 086 000 BD y la de gas de 1 960 a 2 100 MMPCD. El que el aumento en la producción de gas fuera aún leve, se debió a que se restringió la producción de gas no asociado en Ciudad Pemex, con el fin de procesar en las plantas existentes el gas asociado obtenido en el área de Reforma evitando así su quema. Paralelamente y además de los campos que se explotaban a fines de 1976, se agregaron ocho importantes descubrimientos en el área de Reforma, cuyas reservas probables se estimaba que eran del orden de 2 800 MMB. De acuerdo con Pemex,[98] de estas estructuras, Artesa y Cacho eran poseedoras de 25% de dichas reservas, manifestaban una producción de aceites ligeros similares a los de los campos en explotación del área de Chiapas y Tabasco, con una relación gas/aceite de 900 pies cúbicos de

[94] Por su relevancia e interés, el asunto de las negociaciones entre México y Estados Unidos, para la venta y compra de gas natural respectivamente, es tratado aparte en forma exhaustiva en el capítulo IV.

[95] Estos volúmenes de gas constituyen lo que Pemex denominaba la "alternativa conservadora" respecto a la producción de gas que se esperaba obtener en 1982. En la "alternativa alta", Pemex estimaba que se podrían producir hasta 5 400 MMPCD para ese mismo año. Pemex, Subdirección de Producción Primaria, Gerencia de Explotación, *Generalidades del proyecto de construcción del gasoducto Cactus-Reynosa*, México, julio de 1977.

[96] Aunque en los documentos publicados por Pemex ya citados no se hace ninguna alusión explícita —y traducida en cifras—, fue un fracaso. En efecto, según documentos internos entregados a la Secretaría de Programación y Presupuesto (SPP), elaborados por la firma consultora Sherman-Clark, que además fungió como intermediaria entre México y las empresas norteamericanas compradoras de gas y presumiblemente el Departamento de Energía de E.U., se sugería que la posibilidad de exportar volúmenes masivos a Estados Unidos involucraba, entre otros factores, disminuir la quema de gas por debajo de 2 por ciento.

[97] Pemex, Subdirección de Producción Primaria, *op. cit.*, p. 10.

[98] *Ibid.* pp. 1 y 2.

gas por barril de crudo. Agave, Paredón y Sunuapa, poseedores de 44% de dichas reservas, manifestaban crudo de tipo semivolátil, con una relación gas/aceite de 2 200 pies cúbicos por barril; las tres estructuras restantes, Copanó, Giraldas y Mundo Nuevo, manifestaban aceite volátil con una relación gas/aceite de 5 800 pies cúbicos de gas por barril de crudo.[99]

Las reservas de gas correspondiente a estas ocho estructuras eran del orden de 6 200 MMMPC, las que adicionadas a las reservas probadas totales al 31 de diciembre de 1976 —19 468 MMMPC—, y a las reservas de gas de los nuevos campos de la cuenca de Sabinas, Coah., permitían obtener un volumen de reservas probadas de gas, cercano a los 30 000 MMMPC.[100]

Estas acrecentadas reservas probadas de gas natural así como la intención de restringir el consumo y el manejo arbitrario de opciones, en cuanto a la utilización para abtener mayor cantidad de gas disponible, fueron los elementos que permitieron los cambios en las metas originales establecidas —en el Programa Básico—, y la propuesta de exportaciones masivas de volúmenes de gas (cuadro III.7).

Cuadro III.7
Excedentes de gas natural, 1977-1982
(en millones de pies cúbicos diarios-MMPCD)

Año	*Producción*	*Demanda interna*	*Excedentes*
1977	1 735	1 550	185
1982	4 897	2 142	2 184

Fuente: Pemex. Subdirección de Producción Primaria, *op. cit.*, p. 12.

Sin embargo, las estimaciones hechas se revelarían exageradamente optimistas. Por un lado, a fines de 1982, no se obtuvieron los 4 897 MMPCD previstos y pese a que se produjeron casi 4 300 MMPCD, el consumo interno superó ampliamente 4% de crecimiento anual, al cual se había pretendido restringir; y por otro, estrechamente ligado a lo anterior, jamás existieron los 2 000 MMPCD excedentes estimados que serían destinados a la exportación.

[99] Según Pemex, dichos descubrimientos corroboraban la amplitud del área y el alto índice de productividad por pozo, debido a la potente sección de rocas cretácicas y jurásicas impregnadas en espesores hasta de 1 500 metros, Pemex, *Memorias de labores, 1977*, México, 1978. Véase también *Comercio Exterior*, vol. 28, núm. 4, México, abril de 1978, pp. 471 a 480.

[100] Pemex. Subdirección de Producción Primaria, *op. cit.*, p. 3.

Un análisis de la evolución de la producción de gas natural por zonas, factor explicativo central, permite comprender por qué las estimaciones hechas a inicios del sexenio fueron erróneas.

De 2 046.2 MMPCD, producidos en 1977, Pemex produciría 4 246.3 MMPCD en 1982. Tal incremento en los niveles de producción de gas alcanzados, fueron a su vez acompañados de algunos cambios de importancia, en términos del tipo de gas producido, asociado y no asociado y de la distribución geográfica del gas disponible.[101] El primero, tiene efectos inmediatos o está estrechamente ligado al problema del aprovechamiento del fluido, y el segundo, remite al problema de la mayor o menor disponibilidad del mismo, en las regiones y al problema del transporte.

Los volúmenes de gas natural producido en la Zona Norte (cuadro III.8), prácticamente se mantendrían al producirse 478.1 MMPCD en 1982, contra 474.3 en 1977. De este modo, la participación de esta zona, en el total producido, disminuyó en forma sustancial pasando de 23.2% que contaba en 1977 a sólo 11.3% en 1982.

La importancia del Distrito Frontera Noreste provenía del hecho de ser el principal productor de gas no asociado en la zona (85% del total producido),[102] y porque además era la fuente tradicional de suministro del área metropolitana de Monterrey.

Desde 1977 hasta 1979, el crecimiento de la producción en este distrito, fue constante; esto se debió a la incorporación de los campos de gas (no asociado), del área de Sabinas, compensándose así la extracción de gas en la zona y el agotamiento que presentaban ciertos campos. Sin embargo, a partir de 1979 tanto la producción de gas del distrito como de la zona, en su conjunto, comienza a declinar para establecerse en 1982, prácticamente al mismo nivel de producción obtenido en 1977, 478.1 y 474.3 MMPCD, respectivamente (cuadro III.8). Los resultados obtenidos se ajustaban parcialmente a las perspectivas reales de producción que esta zona y distrito ofrecían desde inicios del sexenio.

La producción en el Distrito Frontera Noreste venía declinando, desde 1974, a una tasa promedio anual de 10%, debido al agotamiento de los yacimientos. Pese a esto e incluso a las pobres perspectivas que presentaba el área, la perforación exploratoria[103] y de desarrollo[104] de hidrocarburos fueron actividades llevadas a cabo a un ritmo intenso comparado con el que conocieron otras zonas durante el mismo periodo. Durante los años 1977 y 1978, casi la totalidad de pozos de gas perforados y de desarrollo terminados se encontraban en el Distrito Frontera

[101] Véase el cuadro 33 en el Anexo estadístico.
[102] En el Distrito Norte podían encontrarse pequeños volúmenes de gas asociado.
[103] Véase el cuadro 34 en el Anexo estadístico.
[104] Véase el cuadro 35 en el Anexo estadístico.

Noreste (10 y 11 en lo que concierne a pozos de exploración y 50 y 35 de desarrollo).[105]

Eso permitió el descubrimiento de dos nuevos campos de gas, localizados en una ancha faja que bordea al antiguo golfo de Sabinas que, como se señalaba, compensó la disminución de la producción en otros campos. Los más importantes descubiertos en esta área fueron Lampazos, Monclova y Ulúa, con una producción promedio por pozo, que excedía los 4 MMPCD.

Aunque a partir de 1980 prácticamente se mantiene el ritmo de actividad perforatoria de pozos de exploración y de desarrollo de gas en el Distrito Frontera Noreste, esto no redundó en un incremento en la producción, similar al experimentado en los años 1978 y 1979 (cuadro III.8). La razón estriba en que el éxito alcanzado en lo que respecta a pozos exploratorios de gas fue cada vez menor,[106] y probablemente al hecho de que a lo largo de todo el periodo, la producción de la zona quedó más en función de los planes de aprovechamiento del gas asociado, producido en otras zonas, que de lo factible de producir con base en los volúmenes de reservas estimadas en la Zona Norte.

El notable incremento que experimentaron las reservas probadas de gas natural, durante los primeros años del periodo 1977-1982 (cuadro III.9), se debió en gran parte al nuevo método de estimación utilizado, que incorporaba a las reservas probadas aquellas que antes habían sido consideradas como probables, y en menor medida, a los nuevos campos descubiertos en 1977, en el área de Sabinas.[107]

Por su parte la producción de gas natural proveniente de la Zona Centro, experimentaría un leve aumento en términos absolutos al pasar de 155.3 MMPCD producidos en 1977, a 234.0 en 1982 (cuadro III.8). Sin embargo, su participación relativa en el total nacional descendería de 7.6% en 1977, a sólo 5.5 en 1982.

De los distritos y el área llamada Nueva Faja de Oro, que conforman la zona, Poza Rica era y continúa siendo el más importante. En 1977 su participación relativa en el total de la zona era de 76.3% al producir 118.6 MMPCD. En 1982, su participación descendió 60%, pese a que la producción, en términos absolutos, aumentó al obtenerse 140.6 MMPCD. La disminución en la participación relativa del Distrito Poza

[105] Véanse los cuadros 36 y 37 en el Anexo estadístico.

[106] Calculado el porcentaje de éxito, considerando el total de pozos terminados (excluidos los terminados por accidente mecánico), y el número de pozos de gas perforados; se tiene 47.8% en 1978; 50, en 1979; 33, en 1980, y 31 en 1981. Véase Pemex, *Memoria de labores, 1978-1981*.

[107] Pemex, *Memoria de labores, 1977*, p. 10. Debe señalarse que años más tarde, Pemex reconocería que las estimaciones hechas, en relación con las reservas de gas de Sabinas, estarían sobredimensionadas. El asunto es tratado con mayor profundidad en la parte relativa a reservas de gas.

Cuadro III.8
Producción de gas natural asociado y no asociado, 1977-1982
(en millones de pies cúbicos diarios-MMPCD)

Zona / *Distrito*	*1977*	*1978*	*1979*	*1980*	*1981*	*1982*
Norte						
Frontera Noreste[n]	403.7	531.2	568.4	524.7	460.6	400.9
Norte	57.0	82.3	77.04	54.8	56.8	53.7
Sur	13.6	18.2	18.7	20.0	24.5	23.5
Subtotal	474.3	631.7	664.1	599.5	541.9	478.1
Centro						
Poza Rica	118.6	141.3	161.9	153.7	125.3	140.6
Nueva Faja de Oro	11.5	9.4	10.3	19.5	39.9	31.1
Papaloapan*	25.2	31.1	33.5	35.8	51.0	62.3
Subtotal	155.3	181.8	205.7	209.0	216.2	234.0
Sur						
Agua Dulce	74.2	73.7	69.2	63.3	58.6	55.3
El Plan	39.7	40.7	53.5	49.9	53.0	56.1
Nanchital	3.6	4.0	3.4	3.6	4.5	4.4
Subtotal	117.5	118.4	126.1	116.8	116.1	115.8
Sureste						
Comalcalco:						
a) terciario	35.1	31.0	26.2	19.87	18.5	16.2
b) mesozoico	820.5	1 205.5	1 747.1	1 915.4	2 132.3	2 116.7
Ciudad Pemez[n]	443.5	393.0	124.6	429.3	506.3	426.4
Subtotal	1 299.1	1 629.5	1 891.9	2 364.5	2 657.1	2 559.3
Marina (sureste)						
Campeche	—	—	22.8	258.2	529.5	859.1
Total	2 046.2	2 561.4	2 916.6	3 060.8	4 060.8	4 246.3

[n] Gas no asociado.
* Parte de gas no asociado.
Fuente: Pemex, *Memorias de labores, 1977-1982.*

Rica en el total de la zona se debió a que tanto el Distrito Papaloapan cuya producción era, en parte, de gas no asociado, como Nueva Faja de Oro, aumentaron su producción y por ende su participación relativa. Todo el gas del Distrito Poza Rica es asociado con una relación gas/aceite cercana a los 2 000 PC por barril de crudo.

El hecho de que la producción de gas, en la zona, haya aumentado sólo levemente se debe a que tanto los campos de Poza Rica como los de Papaloapan reflejaban un cierto proceso de declinación. A su vez, el

Cuadro III.9
Reservas probadas de gas natural por zonas, 1977-1982
(en millones de pies cúbicos-MMPC)

Zona	*1977*	*1978*	*1979*	*1980*	*1981*	*1982*[2]
Norte	11 260.2	13 519.0	12 461.5	10 159.4	11 248.1	11 248.1
Centro[1]	3 647.7	3 740.1	3 756.1	4 013.1	3 781.8	3 781.8
Chicontepec	—	26 775.0	26 737.8	26 731.7	26 723.7	26 723.7
Sur[3]	12 960.3	14 901.3	18 261.4	23 606.5	33 598.5	33 598.5
Total	27 868.2	58 935.4	61 216.8	64 510.7	75 352.1	75 352.1

[1] Incluye Poza Rica y Papaloapan.
[2] Las reservas se mantuvieron igual con respecto a 1981, por encontrarse en revisión la mayoría de los campos del sistema.
[3] Comprende las zonas: Sur, Sureste y Marina.
Fuente: Pemex, *Memoria de labores, 1977-1983.*

hecho de que las reservas probadas de gas natural de la zona[108] mantuvieran su nivel a lo largo del periodo —3 647.7 MMPC en 1977 y 3 781.8 en 1982— se debe, en su mayor parte, al nuevo método de estimación instrumentado[109] más que al descubrimiento de nuevos campos.[110] La actividad exploratoria llevada a cabo por Pemex en esta zona fue, en términos globales, decreciente a lo largo del periodo[111] y sólo en el Distrito de Papaloapan se exploró con el fin de encontrar gas.[112]

La Zona Sur,[113] que abarca los distritos de Agua Dulce, El Plan y Nanchital, todos productores de gas asociado, disminuiría levemente su producción al obtenerse 115.8 MMPCD en 1982 contra 117.5 producidos en 1977 (cuadro III.8). La débil actividad exploratoria en la zona,[114] aunado al escaso éxito obtenido y la prácticamente nula perforación de

[108] Cabe señalar que las reservas probadas de Chicontepec, establecidas en 1978 en casi 27 000 MMPC, aparecen publicadas por Pemex en forma independiente de las existentes en las zonas Norte y Centro, aunque de hecho parte del área llamada Chicontepec, está comprendida por la Zona Norte (la parte sur), y otra parte está comprendida por el Distrito Poza Rica.

[109] En 1975, las reservas probadas de la Zona Centro, fueron establecidas en 3 181 MMMPC, véase el cuadro III.2.

[110] De éstos destacan el campo productor de gas Escalante (1976) y el pozo Miralejos en el área de Cotaxtla, Papaloapan (1977).

[111] Véase el cuadro 34 en el Anexo estadístico.

[112] Véase el cuadro 36 en el Anexo estadístico.

[113] Aunque sólo a partir de 1978, la Zona Sur se divide en Sur, Sureste y Marina, para mayor claridad se ha preferido, cuando la información disponible lo ha permitido, hacer esta división desde 1977.

[114] Véase el cuadro 34 en el Anexo estadístico.

pozos de desarrollo de gas en el periodo abordado,[115] explican el comportamiento de la producción proveniente de esta nueva Zona Sur.

Sin duda, es de la Zona Sureste, y un par de años más tarde de la Zona Marina, de donde provendría la mayor parte de los incrementos sustanciales en la producción de gas, obtenidos a fines de 1982. Estas zonas incluían las áreas más prometedoras de gas natural en el territorio nacional, a principios del sexenio.

En la Zona Sureste, conformada por los distritos Comalcalco y Ciudad Pemex la producción de gas natural pasó de 1 299.1 MMPCD en 1977 a 2 559.3 en 1982 (cuadro III.8). A su vez, la explotación de los campos marinos —Campeche—, iniciada en 1979, pasaría de 22.8 MMPCD a 859.1 en 1982. La producción de ambas zonas consideradas, aumentaría la producción de gas natural de 1 299.1 MMPCD en 1977 a 3 418.4 en 1982.

Si en términos absolutos el incremento de la producción es notable, mayor trascendencia reviste el incremento experimentado en la participación relativa de la producción de ambas zonas en el total nacional al aumentar de 63.5% en 1977 a 80.5 en 1982.

El incremento de la producción de gas, proveniente de la Zona Sureste, se debió a los aumentos sostenidos logrados en el Distrito Comalcalco (mesozoico) —pese a los altos volúmenes de gas quemado—, lo que a su vez se explica por la intensa actividad exploratoria y en particular de desarrollo, llevadas a cabo por Pemex en dicha zona.[116] Aunque la relación gas/aceite de los nuevos campos fue alta (Agave, Copanó, Giraldas y Mundo Nuevo), en su conjunto, es decir para todo el distrito, las estimaciones hechas por Pemex a fines de 1976, resultaron menores[117] a las previstas, impidiendo obtener los 2 000 MMPCD excedentes.[118]

Ciudad Pemex, el otro distrito que conformaba la Zona Sureste, era productor de gas no asociado. Su importancia era no sólo por ser el distrito productor de gas no asociado más importante del país, sino porque además era la principal fuente de suministro de gas a la ciudad de México. Entre 1977 y 1979, ambos incluidos, la producción de este distrito disminuyó considerablemente al pasar de 443.5 MMPCD a sólo 124.6 (cuadro III.8). Tal reducción se debió a la necesidad de aprovechar el gas asociado producido en el Distrito de Comalcalco. A partir de 1980,

[115] Véase el cuadro 37 en el Anexo estadístico.

[116] En 1979, las zonas Sureste y Marina participaron con 44.5% del total de pozos perforados; véase el cuadro 34 del Anexo.

[117] Véase el cuadro 38 en el Anexo estadístico.

[118] Esos nuevos campos (del mesozoico) no llegaron a tener la capacidad de producción ni las reservas para justificar los citados volúmenes de gas excedente. Véase Pemex, *Zona petrolífera mesozoica del Sureste*, México, 1979.

la producción de gas retoma los niveles alcanzados a principios del sexenio, para establecerse en 426.4 MMPCD en 1982.

A su vez, la zona Marina aumentaría su producción de 22.8 MMPCD en 1979 a 859.1 en 1982 (cuadro III.8), comprobándose en buena parte los anuncios hechos en 1979 respecto a la vastedad y riqueza de los campos marinos.

Los favorables resultados obtenidos en la zona se debieron a la intensa actividad de desarrollo[119] y al alto nivel de éxito obtenido,[120] pese al yerro de los pronósticos hechos por Pemex en 1977, relativos a la relación gas/aceite a nivel nacional y además a lo difícil que resultaba el aprovechamiento de gas asociado producido. Las reservas probadas de ambas zonas pasarían de 12 960.3 MMMPC establecidas en 1977, a 33 598.5 en 1982 (cuadro III.9).[121]

En suma, a nivel nacional a fines de 1982 se obtuvo un incremento de 2 200.1 MMPCD en la producción de gas natural con respecto a 1977 al producirse 4 246.3 MMPCD. La producción de gas no asociado aumentó sólo en 89.3 MMPCD, no obstante la incorporación de los campos ubicados en el área Macuspana, Campeche y Papaloapan. Este débil aumento se debió a la pérdida de presión de los yacimientos localizados en el Distrito Frontera Noreste y también a la restricción en la producción del Distrito Cd. Pemex, por haberse saturado las plantas de proceso con gas asociado, evitando así un desperdicio mayor.

En lo que respecta al gas asociado, el incremento en la producción fue de 2 110.7 MMPCD al obtenerse en 1982, 3 301.1 contra 1 190.4 MMPCD producidos en 1977. Este incremento se debió al desarrollo de los campos del mesozoico (Comalcalco) y a la producción proveniente de Campeche (Zona Marina).

Las reservas probadas de gas natural, prácticamente se triplicaron al pasar de 27 868.2 MMMPC, cuantificados en 1977, a 75 352.1 establecidos en 1982. El incremento se debió a las reservas probadas de Chicontepec y a los nuevos mantos descubiertos en las zonas Sur, Sureste y Marina.[122]

Sin duda, el incremento en la producción de gas natural durante el periodo 1977-1982 fue notable. Sin embargo, lo obtenido a fines de 1982,

[119] Véase el cuadro 35 en el Anexo estadístico.

[120] En 1977-1982, 35% de los pozos perforados resultó productivo, mientras que en 1971-1976, sólo alcanzó 26%. Sordo, Ana María, "La exploración...", *op. cit.*, pp. 99.

[121] En 1982, el área productiva de Campeche tenía una extensión de 8 000 km^2 e incluía 14 grandes campos productores, entre los que destaca el complejo Cantarell, el de mayor tamaño e importancia hasta ese entonces descubierto. Sordo, Ana María, "La exploración...", *ibidem*.

[122] La cuestión de las reservas probadas de gas, reviste como es obvio, una particular importancia. Las objeciones a las cifras manejadas por Pemex (desde 1976), no son pocas. Por eso, al final del estudio se aborda, brevemente, este tema con el fin de contribuir positivamente, aunque sea parcialmente a la polémica.

no respondió ni siquiera momentáneamente a la meta de producción de gas, establecida a inicios del sexenio, calificada como alternativa conservadora. Ésta, debe recordarse, era de 4 879 MMPCD. La consideración de esta cifra hace del notable incremento en la producción, obtenida a lo largo del periodo, un éxito relativo, el que se vuelve aún más cuestionable al constatarse que el precio pagado por aquel acelerado crecimiento, inducido a la producción de crudo —y por esa vía a la del gas asociado—, fue extremadamente alto, consideración hecha de los altos volúmenes de gas quemados.[123]

El hecho de que a nivel nacional la producción de gas natural se hubiera más que duplicado en seis años, se debió a que la producción de gas asociado casi se triplicó. Esta mayor producción fue el resultado del acelerado desarrollo otorgado a la producción de crudo, particularmente, en las zonas Sureste y Marina, lo que a su vez implicó un desplazamiento en términos de ubicación geográfica de las principales fuentes de gas natural.

Ambos cambios, vale decir, la participación preponderante del gas asociado en el total nacional y el paulatino desplazamiento geográfico, en términos de zonas productoras, hicieron surgir con mayor ímpetu y dimensiones distintas, problemas ya enfrentados por Pemex: su aprovechamiento, transporte y distribución.

La producción de gas de formación pasaría de 2 046.2 MMPCD en 1977 a 4 246.3 en 1982 (cuadro III.10). La disponibilidad de gas natural, para los mismos años, pasaría de 1 522.8 a 3 043.6 MMPCD. Tales cifras indican que para 1977, del total de la producción sólo 75% quedara disponible para consumo y en 1982 descendiese a 71%. La explicación a tal comportamiento se encuentra en los incrementos que experimentaron los volúmenes de gas asociado desaprovechados, registrados por Pemex como quemados o enviados a la atmósfera.

En efecto, los volúmenes de gas quemado pasaron de 347.9 MMPCD en 1977 a 665.2 en 1981 —año pico en términos de volúmenes desaprovechados— y 638.1 en 1982 (cuadro III.10). Con respecto a la producción, estos volúmenes de gas quemado representaron: 17%, en 1977; 16 en 1981, y 15 en 1982. Tales porcentajes aumentan de considerarse la disponibilidad de gas. En 1977 y 1981 fue de 23% y de 21 en 1982 (cuadro III.10). Mucho más adecuado y significativo para evaluar la importancia de los volúmenes de gas quemado, resulta al considerar solamente las producciones relativas al gas asociado. En 1977, 29% de la producción de gas asociado era quemado, 22 lo era en 1981 y 19 en 1982 (cuadro III.11).

[123] Tal vez no sólo los altos volúmenes de gas quemado constituyen indicadores inequívocos del alto precio pagado, sino también accidentes de proporciones tales como el Ixtoc 1. Véase Miguel H. Márquez, "Las lecciones del Ixtoc-1", *Cuadernos de prospectiva energética* núm. 48, Programa de Energéticos, El Colegio de México, 1984.

Cuadro III.10
Aprovechamiento y quema de gas natural, 1977-1982
(en millones de pies cúbicos diarios-MMPCD)

	1977	*1978*	*1979*	*1980*	*1981*	*1982*
Producción	2 046.2	2 561.4	2 916.6	3 548.0	4 060.8	4 246.3
Disponibilidad	1 522.8	1 925.2	2 250.5	2 751.5	2 296.1	3 043.6
Gas quemado	347.9	392.0	363.9	426.9	665.2	638.1
Como porcentaje de:						
producción	17	15	12	12	16	15
disponibilidad	23	20	16	16	23	21

Fuente: cuadro II.4.

Cuadro III.11
Producción de gas asociado y quema de gas, 1977-1982
(en millones de pies cúbicos diarios-MMPCD)

	1977	*1978*	*1979*	*1980*	*1981*	*1982*
Producción de gas asociado	1 190.4	1 623.9	2 210.2	2 578.0	3 046.4	3 301.1
Gas quemado	347.9	392.0	363.9	426.9	665.2	638.1
Porcentaje de la producción	29	24	16	17	22	19

Fuente: cuadro 33 en el Anexo y Pemex, *Informes internos*, México, 1983.

En la medida en que desde 1977 la mayor parte de gas asociado provenía de la Zona Sureste —82% del total de gas asociado producido—, era en esa zona también en la que Pemex afrontaría mayores dificultades para evitar su quema. En 1977, la quema de gas en aquella zona fue de 167.9 MMPCD (cuadro III.12), lo que representaba casi 20% de su producción. En 1978, los volúmenes de gas quemado ascenderían a 290 MMPCD representando 23% de la producción. En 1982, la quema de gas desciende a 42 MMPCD, lo que representa sólo 2% del total producido.[124] Sin embargo, a partir de 1979 debe considerarse lo aconte-

[124] Cabe señalar que estos porcentajes representan, únicamente, los volúmenes de gas quemado registrados por la Subdirección de Producción Primaria de Pemex, no incluyendo, por ende, volúmenes quemados en partes del proceso de gas, fuera de la incumbencia de dicha subdirección.

Cuadro III.12
Producción y quema de gas en las zonas Sureste, Marina y Sur, 1977-1982
(en millones de pies cúbicos diarios-MMPC)

	1977	*1978*	*1979*	*1980*	*1981*	*1982*
Zona Sureste[a]						
producción[b]	855.6	1 236.5	1 773.3	1 935.2	2 169.3	2 132.9
quema[c]	167.9	290.0	118.1	29.5	40.0	42.2
Zona Marina						
producción	—	—	22.8	258.2	529.5	859.1
quema[c]	—	—	22.8	258.2	511.8	498.8
Total quemado en ambas zonas	167.9	290.0	140.9	287.7	551.8	541.0
Total quemado nacional explotación	265.7	392.4	230.1	364.2	616.7	590.9
Total quemado Pemex[d]	347.9	392.0	363.9	426.9	665.2	638.1

[a] Incluye Mesozoico y Terciario.
[b] Excluye la producción de Ciudad Pemex, parte de la cual es gas no asociado.
[c] Se refiere exclusivamente a la quema de gas registrada por la Subdirección de Producción Primaria.
[d] Según cuadro II.4.
Fuentes: Pemex, *Informes internos* y cuadro III.8.

cido en la Zona Marina. En esta zona, en 1979 y 1980 la totalidad de la producción era quemada (cuadro III.12) y a partir de 1982, se logra la reducción en los volúmenes quemados al aprovecharse 42% del total producido.[125]

Los factores o elementos que permiten explicar el porqué del mantenimiento de altos volúmenes de gas quemado a lo largo del periodo trascienden con mucho el ámbito técnico o tecnológico —económico— del problema, campo inmediato en el cual cabría encontrar respuesta. Así, la búsqueda de explicaciones plausibles que den cuenta de los altos grados de desaprovechamiento del gas natural producido, además deben buscarse en otros factores que los mencionados, como aquellos que tienen que ver con las políticas y estrategias globales —léase objetivos, medios, prioridades, etc.—, como aquellos que tienen que ver con la administración o manejo de los recursos —todos— de la empresa sin olvidar el aspecto eficiencia en el manejo.

[125] Pemex, *Memoria de labores, 1982.*

En primer lugar, es un hecho que la administración de Jorge Díaz Serrano heredó de la administración anterior el rezago acumulado con respecto a los sistemas de aprovechamiento del gas natural. Aquel rezago, debe recordarse, se debió tanto a las restricciones presupuestales como a la falta de experiencia y de capacidad para planear y proyectar con rapidez, las necesidades que en términos de aprovechamiento se vislumbraban ante el aumento relativamente rápido que exhibía la producción de crudo y de gas natural asociado, y las posibilidades, ya algo ciertas en 1975 y 1976, de que se contaba aparentemente con vastas reservas de gas natural.

En segundo lugar, es también cierto que la falta de capacidad y experiencia podrían haber sido obviadas o al menos mitigadas —tanto en el sexenio anterior, como durante el sexenio de José López Portillo—, de haberse delineado y ejecutado políticas consistentes con miras a estimular un uso racional de la energía. Aquello era tarea y responsabilidad del gobierno, pero también de las autoridades de Pemex. En lo que al aprovechamiento de gas natural exclusivamente se refiere, tal actitud displicente compartida no estaba desprovista, aparentemente, de razones de peso. Una de ellas era el bajo precio al cual era vendido internamente el gas natural y otra, los altos costos que involucraba su aprovechamiento.

En tercer lugar, la alta prioridad otorgada a la *producción y exportación de crudo*, significó no solamente que las metas de producción de gas natural fuesen quedando determinadas por la actividad, incluso febril, que con este objetivo imprimió a la extracción de crudo la administración de Jorge Díaz Serrano, sino que tal ritmo de actividad no tuvo en lo que a gas respecta su contrapartida en términos de planes, programas y medios para una utilización racional de gas natural asociado extraído. Esto es, los sustanciales incrementos de volúmenes de gas producido no fueron acompañados de un aumento o ampliación suficiente de la infraestructura necesaria para su aprovechamiento.

De observarse solamente las cifras relativas a las capacidades nominales de procesamiento, vale decir las capacidades nominales que se tuvieron a lo largo del periodo en plantas de absorción y criogénicas, y de compararse éstas con los volúmenes de gas producidos (cuadro III.13), se observa que las capacidades existentes fueron suficientes, *nominalmente*, salvo en ciertos periodos, para atender las necesidades crecientes de la producción de gas asociado.[126] La salvedad hecha se refiere a los paros que se tuvieron en las plantas como resultado de no contarse con ca-

[126] Tal afirmación es cierta de tomarse en cuenta la producción obtenida a fines de cada año, pero sin duda las capacidades, incluso nominales, habrían sido insuficientes de haberse obtenido la producción planeada prevista de 4 879 MMPCD contemplada en la "alternativa conservadora".

pacidades excedentes de relevo que asegurasen una operación continua tanto de las plantas de proceso como de recompresión. Prueba de eso son los elevados volúmenes de gas quemado (cuadro III.12), durante los años 1977 (82 MMPCD); 1979 (133.8), y 1981 (62.7),[127] bajo la responsabilidad de la Subdirección Industrial (petroquímica).

Cuadro III.13
Producción bruta de gas natural, producción de gas asociado y capacidad nominal de procesamiento de gas natural, 1977-1982
(en millones de pies cúbicos diarios-MMPCD)

Año	*Prod. total*[a]	*Gas asociado*[a]	*Plantas de absorción*	*Plantas criogénicas*	*Total*	*Plantas endulzadoras*
1977	2 046	1 190	1 520	849	2 369	1 540
1978	2 561	1 624	1 520	1 149	2 669	1 940
1979	2 916	2 210	1 525	1 932	3 457	2 300
1980	3 548	2 578	1 525	2 432	3 957	2 500
1981	4 061	3 046	1 525	2 449	3 957	2 960
1982	4 246	3 301	1 300	2 449	3 749	3 360

[a] Cifras redondeadas.
Fuentes: cuadro III.8 y Pemex, *Memoria de labores*, 1977-1982.

De compararse volúmenes producidos y capacidades nominales de procesamiento por regiones (cuadro III.14), la situación ya es distinta, evidenciándose ciertas insuficiencias en las capacidades existentes. Tal es el caso de las capacidades de endulzamiento de Cd. Pemex —750 MMPCD— (cuadro III.15), insuficientes para atender lo producido en esa región y los volúmenes de gas provenientes de la Zona Marina, alrededor de 800 MMPCD en promedio.

En los hechos, las capacidades nominales dan cuenta de sólo una parte del complejo proceso de aprovechamiento de gas natural. En el bajo aprovechamiento de éste tuvo capital importancia la falta y/o tardanza en la operación de los sistemas de compresión, recolección y de plantas endulzadoras. En efecto, desde 1977, según datos parciales disponibles, uno de los cuellos de botella fue resultado de la lentitud y, algunas veces, mal funcionamiento de los sistemas de recolección especialmente los correspondientes a compresión.[128]

[127] Estos volúmenes de gas quemado se obtuvieron de la diferencia entre el total quemado en Pemex, menos el total nacional quemado por explotación. Los totales anuales respectivos aparecen en el cuadro III.12.

[128] Al respecto, el entonces director general de Pemex, Jorge Díaz Serrano, declararía a la prensa el mes de mayo de 1981, que el gas de la sonda de Campeche se había

Cuadro III.14
Capacidad de procesamiento de gas natural por centros de proceso, 1977-1982
(en millones de pies cúbicos diarios-MMPCD)

	1977	*1978*	*1979*	*1980*	*1981*	*1982*
Total	2 369	2 669	3 457	3 957	3 957	3 749
Cactus	—	300	1 100	1 600	1 600	1 600
Cd. Pemex	700	750	733	733	733	750
La Venta	382	382	387	387	387	382
Pajaritos·	192	192	192	192	192	192
Poza Rica	495	495	495	495	495	275
Reynosa	550	550	550	550	550	550

Fuente: Pemex, *Memoria de labores*, 1977-1982.

Cuadro III.15
Capacidad nominal de plantas desulfurizadoras por centros de proceso, 1976-1982
(millones de pies cúbicos diarios-MMPCD)

	1976	*1977*	*1978*	*1979*	*1980*	*1981*	*1982*
Cactus	600	1 000	1 400	2 000	2 200	2 200	2 200
Cd. Pemex	—	—	—	—		400	800
Matapionche	—	—	—	—		30	30
Subtotal							
Zona Sur	800	1 000	1 600	2 000	2 200	2 630	3 030
Poza Rica	240	540	540	300	300	300	300
Totonaca	—	—	—	—	—	30	30
Total	840	1 540	1 940	2 300	2 500	2 960	3 360

Fuente: Pemex, *Memoria de labores*, 1976-1982.

---

quemado en su totalidad, pero que antes de dos meses (esto es a mediados de julio del mismo año), se comenzaría a enviar a tierra (el gas) puesto que ya estaban entrando en servicio las primeras estaciones de compresión y ya se había terminado la construcción del gasoducto del mar a tierra (Atasta), *El Día*, 15 de mayo de 1981. Sin duda las intenciones eran loables, pero tardías y sólo parcialmente eficaces, ya que a fines de 1981 aún se quemaba, prácticamente, la totalidad de lo producido en la Zona Marina e incluso en 1982, la quema de gas aún era alta, casi 60% de la producción. Tales cifras contradicen en forma categórica las afirmaciones hechas por el mismo director general en mayo de 1981, esta vez en el extranjero, en que señalaba: "...a fines de este año —1981—, se usará todo el gas que proviene de nuestros campos y sólo se quemará menos de 2%..." Ponencia presentada ante la sesión plenaria de la Reunión de Países Productores de Gas, Leningrado, URSS, 13 de mayo de 1981.

Aquello es entendible en el caso de la Zona Sureste, por la falta de recursos financieros y mínima experiencia que se tenía hasta mediados de los setenta, a la cual antes se ha hecho alusión, pero es más cuestionable aún en el caso de la Zona Marina.

En 1979, año en que se inició la explotación en Campeche, ya no se podía aducir, por razones obvias, la falta de recursos financieros y menos la falta de experiencia para explicar el que no se instalaran los sistemas de recolección y procesamiento de gas necesarios. Tal vez más comprensible como explicación a los altos volúmenes de gas quemado en esta Zona, habría sido plantear la dificultad que representaba la instalación de las plataformas de compresión y el tendido de gasoductos submarinos. Sin embargo, aún en estos casos la dificultad era sólo aparente, ya que éstas no eran más complicadas que las del crudo, que sí se instalaron con la premura exigida. Más aún, a diferencia de lo acontecido en la administración anterior, la de Díaz Serrano se esforzó y ciertamente logró mantener una estrecha colaboración con empresas norteamericanas poseedoras de tecnología y experiencia susceptibles de ser utilizadas en la explotación y aprovechamiento de gas natural, por lo que difícilmente podría atribuirse a la carencia de éstas el desaprovechamiento que se hacía de gas natural.[129]

En cuarto lugar, y en estrecha relación con lo anteriormente expuesto, la prioridad que tenía el crudo en las actividades productivas y de exportación y su efecto sobre el desaprovechamiento de gas natural producido, se veía acentuado por la actitud, casi generalizada, de altos cuadros de la empresa, en el sentido de evitar *distraer* no sólo recursos humanos, técnicos, materiales y financieros, sino también desviar la *preocupación* y *atención* de la empresa de todo aquello que no fuese el crudo, en la medida en que éste era el que permitía la obtención de ingresos en forma inmediata. Evitar distracciones dio pie para que se desecharan propuestas para adquirir equipos modulares de tratamiento de gas natural de *rápida* instalación, que habrían permitido un aprovechamiento inmediato del gas producido.[130] Razones similares son las que explican el hecho de que, pese al bajo precio al cual era vendido el gas natural a nivel interno, no se hayan hecho estudios de factibilidad con el fin de

[129] Entre 1977 y 1982, Pemex importó infraestructura industrial de Estados Unidos por un valor total aproximado de 1 179 millones de dólares, cinco veces más de lo realizado durante el sexenio anterior. La cifra proviene del Departamento de Comercio de Estados Unidos. Véase Ruiz, Rogelio, *La capacidad tecnológica propia y la dependencia del exterior en el sector petrolero*, Programa de Energéticos, El Colegio de México, México (en proceso).

[130] Tales propuestas venían siendo hechas desde 1973 por un grupo de ingenieros tanto del IMP como de Pemex. Sin embargo, Pemex mantuvo el criterio de construir plantas de gran capacidad lo que en no pocas ocasiones significó retraso en su puesta en marcha y los consecuentes problemas en el aprovechamiento del gas asociado extraído. Tal es el caso de Cactus, planeada en 1973 y cuya operación sólo se inició en 1976.

evaluar la posibilidad de sustituir al dísel entregado a la CFE, por ejemplo, y destinar estos volúmenes desplazados a la exportación. Con esto, por un lado, se habría ofrecido una solución al problema real de los bajos precios a los cuales era vendido internamente el gas natural y por otro, se habrían creado los estímulos necesarios para disminuir los volúmenes de gas quemado.

En suma, a fines del sexenio 1976-1982, y pese a los evidentes logros obtenidos en términos de producción e incremento significativo de la capacidad de extracción y procesamiento de gas natural, los resultados, en términos globales, distan de ser favorables de tomarse en cuenta algunos parámetros como son: producción *versus* consumo, aprovechamiento de gas, evolución de las reservas probadas y exportaciones de gas natural. En efecto, al aumentar la producción, también lo hizo el consumo de gas natural y a un ritmo mucho mayor que 4% anual al cual éste se había pretendido restringir. En realidad, desde inicios del sexenio se sabía no sólo que la demanda potencial de gas natural era altísima, sino que el previsible crecimiento en la oferta estimularía el consumo, pese a las medidas instrumentadas por Pemex con el fin de restringirlo. Ambos aspectos fueron subestimados por los responsables de Pemex, directamente involucrados en los planes de exportación masiva de gas. De considerarse solamente los años que van desde 1977 a 1980, la tasa de crecimiento promedio anual del consumo alcanzó 11.6%.[131] La participación de gas asociado en la producción total fue en aumento y con eso los problemas relativos al aprovechamiento. En términos absolutos, los volúmenes de gas quemado, al final del periodo, prácticamente se duplicaron con respecto a 1976, y si bien los volúmenes de gas quemado con respecto a los disponibles disminuyeron, la quema continuó siendo en extremo elevada: 15% de la producción y 21 de la disponibilidad total.

En cuanto a las reservas probadas, multiplicadas en más de dos y media veces en el periodo, baste señalar por el momento que los volúmenes de las reservas supuestamente existentes a fines de 1982, fueron sobrestimados si se consideraran solamente factores de recuperación más realistas para Chicontepec y Sabinas. De allí el extremo cuidado con el cual estas cifras deben ser tomadas.[132]

Ciertamente, tanto la evolución constatada por la producción, a lo largo del periodo, el sensible crecimiento que experimentó el consumo y las erróneas estimaciones hechas con respecto de la alta relación

[131] En aras del rigor analítico, más justo sería considerar sólo 1977 y 1978 (pese a que ya en 1978, los supuestos 2 000 MMPCD exportables no existían) para evaluar el dinamismo experimentado por el consumo interno. Sin embargo, aún considerando sólo estos dos años, la tasa de crecimiento de consumo se estableció en 8% promedio anual.

[132] Véase en el capítulo IV, el punto dedicado a las reservas de gas natural.

gas/aceite de ciertos pozos, dieron como resultado que no se dispusieran de los 2 000 MMPCD que se pretendían exportar. Las exportaciones de gas natural a Estados Unidos sólo se iniciaron en 1980, con el envío de casi 300 MMPCD, cifra sensiblemente menor a la original ofrecida y tras largas y complejas negociaciones.

De la abundancia a la restricción, 1982-1985

A inicios del sexenio el gobierno de López Portillo había tomado la decisión de mantener, para la industria petrolera, su doble mandato histórico de abastecer el mercado interno y mantener bajos los precios de sus productos y además otorgar a dichas industrias el papel de pivote del desarrollo mexicano.

Al término del periodo el mandato había sido cumplido con creces tan sólo en un sentido: el elevado grado de petrolización de la economía,[133] resultado lógico de la estrategia expansionista, daba cuenta del papel central que la industria petrolera había desempeñado en el auge efímero, sin precedentes, que conoció la economía mexicana en esos años.

Sin embargo, según un buen número de los observadores, el auge petrolero sólo había permitido aplazar ciertas definiciones que no fueron tomadas en cuenta en el programa de reordenamiento económico, delineado a inicios del sexenio de López Portillo. Los graves problemas estructurales de la economía y la sociedad mexicanas persistieron.[134]

En 1982, el encadenamiento de una serie de acontecimientos[135] llevaron al país a una crisis sin precedentes. Los problemas de origen interno se vieron agudizados por la persistente crisis económica mundial, las crecientes tasas de interés en los mercados financieros internacionales, su impacto sobre el servicio de la abultada deuda externa, contraída en el sexenio de López Portillo, y finalmente, la baja acelerada de los precios en el mercado mundial del crudo.

El fracaso de la política de crecimiento económico basada en el déficit fiscal y crecientes empréstitos externos e internos, era evidente al

[133] A fines de 1983, el sector energético aportaba cerca de 40% de los ingresos fiscales y representaba casi un tercio de la inversión pública total realizada, el país dependía en 93% de los hidrocarburos como energía primaria y la exportación de productos de petróleo y derivados, representaban casi 75% de las importaciones totales de mercancías. Poder Ejecutivo Federal, *Programa Nacional de Energéticos, 1984-1988*, México, 1984.

[134] De un listado no exhaustivo, de problemas básicos, destacan: el insuficiente desarrollo de la estructura productiva, y la baja productividad y los desequilibrios entre los sectores industrial y agrícola. Véase Valenzuela Feijoo, José, *El capitalismo mexicano en los ochenta*, Ed. ERA, México, 1986.

[135] Entre otros, destacan el retiro del Banco de México del mercado cambiario y la devaluación del peso en febrero de aquel año. Véase Banamex, *Examen de la situación económica de México*, México. febrero-septiembre de 1982.

verse mermados los ingresos en divisas y al continuo crecimiento del déficit fiscal. De esta forma, los planes y programas de desarrollo, cuyo eje de financiamiento había sido el petróleo, perdieron su viabilidad,[136] obligando a la administración entrante a establecer las condiciones mínimas para afrontar la crisis heredada, y de esta forma responder a la necesidad de racionalizar el quehacer económico.[137]

La redefinición del papel a desempeñar por el sector energético, en general, y por el subsector petrolero, en particular, se imponía ante la incapacidad de haberse constituido en elemento dinamizador del desarrollo nacional, como y por las profundas distorsiones creadas al interior del sector energético y del subsector petrolero, en particular.

Las directrices de las políticas económica y social adoptadas y los lineamientos estratégicos para el sector energético, contenidos en el Plan Nacional de Desarrollo, determinaron los tres grandes ejes de la política energética para el sexenio, 1982-1988: aumento de la productividad, ahorro energético y diversificación de las fuentes.

En lo que respecta al gas natural, el viraje de la administración de Miguel de la Madrid implicaba un mejor aprovechamiento de la capacidad productiva y de la infraestructura disponible; la solución a los problemas ligados a la quema de gas asociado; el mejoramiento en el uso de las instalaciones y eliminación de deficiencias operativas.

Al conjunto de medidas propuestas, se sumaba un conjunto de instrumentos de política de precios, no sólo de gas natural sino de los energéticos en general, los que acordes con los criterios de reordenación económica general, tales como la austeridad en el gasto, restricciones presupuestales, incentivarían no sólo el ahorro en el consumo de energía, sino que tenderían a mitigar las presiones sobre los recursos no renovables, y de esta forma lograr un balance energético conforme a la disponibilidad *real* de recursos energéticos con que se contaba.

Tras la desaparición del auge petrolero, se postuló que la participación del gas natural, como fuente de energía primaria, se acrecentaría significativamente, e igual evolución debía enfrentarse en su utilización como materia prima, particularmente para la elaboración de fertilizantes petroquímicos y acero.[138] Sin embargo, la producción de gas natural había iniciado un paulatino pero sostenido descenso: disminuyó 4.5% en 1983 (con respecto a 1982); 7.4 en 1984, y 4 en 1985 (cuadro III.16). En términos absolutos tal ritmo de decremento significó que la produc-

[136] Boltvinik, Manuel, "El proceso de planeación energética entre 1979 y 1984", inédito, El Colegio de México, Programa de Energéticos, México, 1985.

[137] Se trata del Programa Inmediato de Reordenación Económica (PIRE), anunciado en diciembre de 1982 y del Plan Nacional de Desarrollo (PND) dado a conocer en mayo de 1983. Poder Ejecutivo Federal, *Plan Nacional de Desarrollo, 1983-1988*, México, SPP, mayo de 1983.

[138] Véase el cuadro 39 en el Anexo estadístico.

Cuadro III.16
Producción de gas natural asociado y no asociado, 1982-1986
(en millones de pies cúbicos diarios-MMPCD)

Zona / *Distrito*	*1982*	*1983*	*1984*	*1985*	*1986*
Norte					
Frontera Noreste[n]	400.9	393.5	374.9	297.1	287.5
Norte	53.7	41.7	38.3	35.8	45.3
Sur	23.5	25.8	20.7	19.6	18.8
Subtotal	478.1	461.0	406.9	352.5	351.6
Centro					
Poza Rica	140.6	113.1	97.2	84.9	73.3
Nueva Faja de Oro	31.1	43.7	27.0	7.1	3.7
Papaloapan*	62.3	63.3	59.9	60.8	57.0
Subtotal	234.0	220.1	184.1	152.8	134.0
Sur					
Agua Dulce	55.3	54.6	46.1	38.8	43.7
El Plan	56.1	53.5	47.7	41.3	48.8
Nanchital	4.4	3.9	3.8	3.2	2.8
Subtotal	115.8	112.0	97.6	83.3	95.3
Sureste					
Comalcalco:					
a) Terciario	16.2	14.4	20.2	19.5	23.0
b) Mesozoico	2 116.7	2 014.4	1 815.9	1 822.9	1 763.1
Ciudad Pemex*	426.4	330.3	276.0	218.2	196.4
Subtotal	2 559.3	2 359.1	2 112.1	2 060.6	1 982.5
Marina (sureste)					
Campeche	859.1	091.4	951.9	954.5	867.7
Total	4 246.3	4 053.6	3 752.6	3 603.7	3 431.1

[n] Gas no asociado.
* Parte de gas asociado.
Fuentes: Pemex, *Memoria de labores, 1982 a 1984* y Pemex, Gerencia de Contabilidad Reportes Contables Cuantitativos, 1985 y 1986.

ción de gas natural pasara de 4 246.3 MMPCD obtenidos en 1982, a 3 603.7 en 1985.

La disminución en la producción de gas natural, en este breve periodo, se debió al abatimiento de la presión en los yacimientos de gas no asociado; al número insuficiente de nuevos campos de gas, y a la disminución de la relación gas/aceite en los campos de gas asociado.[139] En efecto, la producción de gas no asociado pasó de 945.1 MMPCD, en 1982,

[139] La producción total de crudo se mantuvo casi constante; sin embargo, la de la Zona Marina aumentó, trayendo consigo una disminución a nivel nacional de la relación gas/aceite y por ende, una disminución en la producción de gas natural.

a sólo 588.7, obtenidos en 1985 (cuadro III.17), como resultado de la disminución de los volúmenes extraídos en todos los distritos, destacando el Distrito Frontera Noreste (—26%) y Ciudad Pemex (—15).

Cuadro III.17
Producción de gas natural asociado y no asociado por regiones, 1982-1985

(en millones de pies cúbicos diarios-MMPCD)

	1982	*1983*	*1984*	*1985*
Gas asociado	3 301.1	3 208.7	3 032.4	3 014.9
Zona Norte	80.8	72.8	63.7	57.3
Zona Centro	129.9	111.6	99.6	86.5
Zona Sur	3 092.4	3 024.3	2 869.1	2 870.2
Terciario	116.7	108.3	101.3	93.5
Cretácico	2 116.6	2 014.5	1 815.9	1 823.1
Campeche	859.1	901.5	951.9	954.5
Gas no asociado	945.1	844.9	720.2	588.7
Distrito Frontera Noreste	397.4	388.2	343.2	295.2
Reynosa	334.0	348.0	314.5	272.4
Monclova	63.4	40.2	28.7	22.8
Distrito Poza Rica*	64.0	65.7	39.9	19.3
Distrito C. Papaloapan	42.0	43.0	44.5	46.9
Distrito El Plan*	15.6	17.9	16.7	9.1
Distrito Cd. Pemex	426.1	330.1	275.9	218.2
Total	4 246.3	4 053.6	3 752.6	3 603.7

* Tomado del casquete de los yacimientos de gas asociado al crudo.

Fuentes: Pemex, Gerencia de Análisis y Evaluación del Mercado Internacional; Coordinación de Comercio Internacional, y Gerencia de Producción.

La disminución en la producción de gas no asociado, de estos distritos, se debió a la continua declinación de su potencial y al hecho de que tanto la actividad exploratoria, como la perforación de pozos de desarrollo, fue cada vez menor en el caso del Distrito Frontera Noreste (Reynosa y Monclova), e inexistente en los otros dos.[140]

En lo que a los nuevos campos de gas se refiere, las cifras indican que disminuyeron de ocho, incorporados al proceso de producción en

[140] Véase el cuadro 40 en el Anexo estadístico.

1982, a seis en 1983, ninguno en 1984, y sólo dos en 1985,[141] fenómeno casi similar al ocurrido con el número de nuevos campos de crudo. Esto se debió, cabe reiterarlo, a la pérdida en la intensidad de las actividades exploratorias y de desarrollo.

Finalmente, entre 1982 y 1985, la producción de gas asociado disminuyó en casi 230 MMPCD, como resultado de la caída en la relación gas/aceite, particularmente en aquellos campos localizados en las zonas del sur (cretácico terrestre) y área de Huimanguillo (cuadro III.18). El leve crecimiento experimentado en la producción de gas asociado en el área de Huimanguillo, no fue suficiente para compensar la disminución experimentada en otros campos importantes del cretácico terrestre como Samaria y Oxiaca, por mencionar sólo dos (cuadro III.18).

En lo que respecta a reservas probadas de gas natural, a fines de 1982, Pemex las había establecido en 15 009 MMB (cuadro III.19), equivalente a 75 352.174 MMMPC (o 75 352.174 $\times$ 10^9 PC). Aquel año, la mayor parte del gas cuantificado como reservas probadas, estaba compuesto en aproximadamente 80% por gas asociado proveniente de las zonas Sureste, Marina y Chicontepec. El 20% restante del gas no asociado, se encontraba en las reservas ubicadas en la Zona Norte del país, que abarca los campos de Reynosa y Monclova principalmente, y la cuenca de Sabinas que cubre la porción occidental de Nuevo León y central de Coahuila (alrededor de un tercio del total de reservas de gas no asociado). Al 31 de diciembre de 1985, las reservas probadas de gas natural habrían experimentado un aumento de sólo 297.1 MMB, es decir casi 2% con respecto a los volúmenes de gas natural establecidos como reservas probadas a fines de 1982. Este exiguo crecimiento que experimentaron las reservas, según las fuentes oficiales citadas, tuvo que ver con lo modesto de los objetivos contenidos en los planes y programas de exploración, instrumentados a partir de 1983.[142] A esto habría que añadir que en 1983 Pemex revisó las cifras cuantificadas y publicadas como reservas probadas —a fines de 1982—, provenientes de la cuenca de Sabinas. El mencionado ejercicio de revisión de las reservas probadas de aquella zona, hizo que éstas pasasen de 2 250 MMB (11 250 $\times$ 10^9 PC), en 1982, a 1 715 MMB (8 576 $\times$ 10^9 PC) a fines de 1983.[143] Bajo la administración de Mario Ramón Beteta, y en lo que concierne a política de reser-

[141] Véase el cuadro 41 en el Anexo estadístico.

[142] En efecto, en 1983, la perforación exploratoria adquirió un ritmo más moderado con respecto al que había mantenido en el sexenio anterior. El cambio en la política de exploración se debió a la conjunción de factores resultantes de la crisis, a la restructuración financiera interna y restricciones presupuestales, así como a factores de carácter exógeno, como el exceso de oferta en el mercado internacional de crudo, a la competencia exacerbada y a la caída de los precios internacionales del crudo.

[143] De acuerdo con lo establecido por Pemex, las mediciones anteriores habían subestimado las complejidades geológicas del manto, lo que había inducido a pensar que pe-

Cuadro III.18

Producciones de crudo[a] y gas (asociado) de algunos campos de las zonas del sur (Sur, Sureste y Marina), 1982-1985

	1982		1983		1984		1985	
	Crudo MBD	*Gas* MPCD	*Crudo* MBD	*Gas* MPCD	*Crudo* MBD	*Gas* MPCD	*Crudo* MBD	*Gas* MPCD
Cretácico terrestre								
Sitio Grande	50.5	75 900	45.2	66 400	36.4	53 600	38.2	53 400
Cactus	19.2	38 800	15.8	25 200	16.8	35 700	13.3	29 000
Samaria	240.3	270 200	177.6	189 400	130.8	160 400	112.0	134 500
Cunduacán	59.7	82 900	38.1	36 800	25.9	25 400	27.4	18 100
Oxiacaque	17.5	104 400	3.8	30 500	2.7	12 900	2.9	30 100
Níspero	29.3	34 900	15.5	23 500	14.1	21 100	5.1	10 300
Iride	45.3	66 800	37.0	44 400	40.2	42 500	38.7	41 500
Huimanguillo								
Giraldas	73.7	35 800	73.7	406 100	46.5	348 900	40.4	352 500
Jujo	18.2	20 300	18.2	55 500	95.6	120 800	121.2	130 900
Agave	45.4	436 400	45.4	329 800	15.0	151 700	12.2	139 900
Paredón	40.2	96 500	40.2	165 100	48.6	154 200	47.3	122 200
Chiapas	18.3	61 900	18.3	88 000	11.2	89 200	9.4	99 900

[a] A partir de 1984, las producciones de crudo corresponden al promedio de barriles diarios de los primeros semestres de los respectivos años.

Fuentes: *Oil and Gas Journal*, últimos números de diciembre de 1982 a 1985; Energy Group of Pew Well Publishing, Co., Tulsa Oklahoma, Estados Unidos (para cifras de crudo a partir de 1984), y Pemex Gerencia de Análisis y Evaluación del Mercado Internacional, Coordinación de Comercio Internacional, *Estadísticas seleccionadas, 1980-1983*, México y Pemex, Gerencia de Producción Primaria, 1984 y 1985 (para cifras de gas).

Cuadro III.19
Reservas probadas de gas natural convertido a líquido por zonas y distritos, 1982-1985

(millones de barriles-MMB)

Año	*Total nacional*	*Zona Norte*[1]	*Zona Centro*[2]	*Chicontepec*	*Zona Sur*[3]	*Zona Sureste*[4]	*Zona Marina*[5]
1982	15 009.9	2 249.6	756.4	5 344.7	250.5	4 082.6	2 326.0
1983	15 404.0	1 715.0	713.0	5 340.0	238.0	4 950.0	2 448.0
1984	15 340.0	1 677.0	705.0	5 341.0	241.0	4 903.0	2 473.0
1985	15 307.0	1 675.0	724.0	5 340.0	234.0	4 901.0	2 433.0

[1] Incluye distritos Frontera Noreste, Norte y Sur.
[2] Incluye distritos Poza Rica y Angostura, campo del Distrito Cuenca del Papaloapan.
[3] Hasta 1981, englobaba al sureste y al área marina de la sonda de Campeche. A partir de 1982, se consideran únicamente los distritos Agua Dulce, El Plan y Nanchital.
[4] Áreas: Comalcalco, Terciario, Mesozoico y Ciudad Pemex; áreas que posteriormente serían las zonas Sureste y Marina.
[5] Golfo de Campeche.

Fuente: Pemex, *Memoria de labores, 1982-1985*, México.

vas, se señaló que Pemex incrementaría el nivel sólo en la medida en que compensaran la extracción realizada, de manera de mantener una cuota de producción determinada y de conservar las reservas a un nivel estable y adecuado.[144] Aun con la revisión efectuada en relación con las reservas probadas de gas natural, localizadas en la cuenca de Sabinas —las que, por lo demás, reflejaban un alto grado de agotamiento—,[145] y establecidas por Pemex, continúan siendo en extremo elevadas con respecto al ritmo de extracción máximo factible económicamente y con mayor razón al ritmo actual.

Por otra parte, los argumentos expuestos en el punto relativo a reservas tienden a confirmar que las reservas calculadas por Pemex están abultadas al utilizar parámetros económicos y técnicos en extremo optimistas. Reflejo de esto es la franca declinación en distritos clave como Comalcalco (mesozoico) y Frontera Noreste. No está de más señalar que a la luz de lo afirmado la relación en años R/P de gas natural —55 años en 1985—[146] es un indicador de escasa utilidad.

La producción de gas asociado, que en 1982 representaba casi 78% del total producido, pasó a 84 en 1985, continuando, de este modo, la tendencia que se hacía notar desde mediados de los setenta. La quema de gas entre los mismos años, disminuyó con respecto a la producción a 8%, y a 11 de la disponibilidad total (cuadro III.20). Fenómeno similar, aunque en magnitudes distintas, se constata al tomar en cuenta los volúmenes de gas quemado, con respecto a la producción de gas asociado —9% (cuadro III.21), y la producción y quema de gas asociado en las zonas Sureste y Marina— 15% (cuadro III.22).

Los 277.6 MMPCD de gas quemado a nivel nacional en 1985 y los respectivos porcentajes aludidos, eran aún ampliamente superiores al nivel de entre 3 y 4%, fijado como meta por el Programa Nacional de Energía[147] e igualmente al más realista aunque a la postre erróneo 4.3% fijado por Pemex.[148]

Las razones que explican la persistencia de altos volúmenes en la quema del gas, pese a la significativa reducción, se encuentran en la lentitud con que se elaboraban los planes y proyectos tendientes a un aprovechamiento mayor del gas natural asociado, así como al rezago con que se instalaban los sistemas de aprovechamiento de gas natural, especial-

se a que los pozos daban muestra de agotamiento, era posible, y técnicamente factible, revertir tal proceso.

[144] Sordo, Ana María, La exploración..., *op. cit.*, p. 96.

[145] Pemex, Subdirección de Producción Primaria, *Plan Operacional, 1985-1989*, México, 1985.

[146] Véase el cuadro 42 en el Anexo estadístico.

[147] *Programa Nacional de Energéticos, 1984-1988*, *op. cit.*, p. 107.

[148] Pemex, Subdirección de Producción Primaria, *op. cit.*, p. 38 y tabla 34 de su Anexo estadístico.

Cuadro III.20
Aprovechamiento y quema de gas natural, 1982-1985

(millones de pies cúbicos diarios-MMPCD)

	1982	*1983*	*1984*	*1985*
Producción	1 246.3	4 053.6	3 752.6	3 603.7
Disponibilidad	3 043.6	3 010.4	3 832.6	2 611.5
Gas quemado	638.1	434.3	302.5	277.6
Como porcentaje de la				
Producción	15	11	8	8
Disponibilidad	21	14	11	11

Fuente: cuadro II.4

Cuadro III.21
Producción y quema de gas asociado, 1982-1985

(millones de pies cúbicos diarios-MMPCD)

	1982	*1983*	*1984*	*1985*
Producción de gas asociado	3 301.1	3 208.7	3 032.4	3 014.9
Gas quemado	638.1	434.3	302.5	277.6
Gas asociado/gas quemado	19	14	10	9

Fuentes: cuadros II.4 y III.17.

mente los de compresión y conducción (particularmente de la zona Marina), a las plantas de proceso, incluidas las endulzadoras.

Pese a que las capacidades nominales totales de procesamiento aumentaron durante estos años (cuadros III.23 y III.24), aún persistieron ciertas insuficiencias, tanto en lo que se refiere a capacidades excedentes de relevo, como a capacidad de endulzamiento por centros de procesamiento (cuadro III.25). Si bien es cierto que la adquisición de equipos en el extranjero, particularmente compresoras, ha influido en el retraso de la puesta en marcha de las instalaciones para el aprovechamiento del gas natural, esto, según técnicos de Pemex, no ha tenido importancia decisiva en tales retrasos. De igual modo pueden descalificarse aquellos

Cuadro III.22
Producción y quema de gas en las zonas Sureste y Marina, 1982-1986

(millones de pies cúbicos diarios-MMPCD)

	1982	*1983*	*1984*	*1985*	*1986*
Zona Sureste[a]					
producción[b]	2 132.9	1 028.8	1 836.1	1 842.4	1 786.1
quema[c]	42.2	83.3	32.0	38.6	50.7
Zona Marina					
producción	859.1	901.4	951.9	954.5	867.7
quema	498.8	271.6	201.4	153.4	71.5
Total quemado en ambas zonas	541.0	354.9	233.4	191.0	122.2
Total quemado nacional, explotación	590.9	402.3	273.7	225.4	151.5
Total quemado, Pemex[d]	638.1	434.3	302.5	277.6	170.9

[a] Incluye terciario y mesozoico.
[b] Excluye la producción de Ciudad Pemex, parte de la cual es gas no asociado.
[c] Se refiere exclusivamente a la quema de gas registrada por la Subdirección de Producción Primaria.
[d] Según el cuadro II.4.

Fuentes: Pemex, *Informes internos* y cuadro III.17.

Cuadro III.23
Capacidades nominales de procesamiento de gas natural, 1982-1985

(millones de pies cúbicos diarios-MMPCD)

Año	*Producción total*	*Gas asociado*	*Absorción*	*Criogénicas*	*Total*	*Endulzadoras*
1982	4 246	3 301	1 300	2 449	3 749	3 360
1983	4 054	3 209	1 300	2 449	3 749	3 360
1984	3 753	3 032	1 300	2 479	3 779	3 760
1985	3 604	3 015	1 300	2 979	4 279	3 760

Fuente: Pemex, *Memoria de labores*, 1982-1985.

Cuadro III.24
Capacidades de procesamiento de gas natural por centros de proceso, 1982-1985

(millones de pies cúbicos diarios-MMPCD)

	1982	*1983*	*1984*	*1985*
Cactus	1 600	1 600	1 600	1 600
La Cangrejera	-	-	-	30
Cd. Pemex	750	750	750	750
La Venta	382	382	382	382
Nuevo Pemex	-	-	-	500
Pajaritos	192	192	192	192
Poza Rica	275	275	275	275
Reynosa	550	550	550	550

Fuente: Pemex, *Memoria de labores, 1982-1985.*

Cuadro III.25
Capacidades nominales de plantas desulfurizadoras por centros de proceso, 1982-1985

(millones de pies cúbicos diarios-MMPCD)

	1982	*1983*	*1984*	*1985*
Cactus	2 200	2 200	2 200	2 200
Cd. Pemex	800	800	800	800
Matapionche	30	30	30	30
Nuevo Pemex	-	-	400	400
Subtotal	3 030	3 030	3 430	3 430
Zona Sur				
Poza Rica	300	300	300	300
Totonaca	30	30	30	30
Total	3 360	3 360	3 760	3 760

Fuente: Pemex, *Memoria de labores, 1982-1985.*

argumentos que tienden a justificar la persistencia de volúmenes de gas quemado, so pretexto de escasez de recursos financieros. Al respecto, las reiteradas declaraciones por parte de Pemex,[149] en relación con la imperiosa necesidad de disminuir los volúmenes de gas quemado, han sido

[149] "... no se cometerá el error de extraer petróleo y quemar el gas..." declaraciones de Mario Ramón Beteta, *Excélsior*, 16 de noviembre de 1984.

seguidas de una abierta disposición por parte de las dependencias gubernamentales —SPP entre otras—, de proporcionar a Pemex los recursos necesarios para asegurar el máximo aprovechamiento de gas natural producido.

2. Transporte*

Consideraciones previas

A lo largo del estudio se ha afirmado, con insistencia, que uno de los problemas al cual tuvo que hacer frente la industria del gas natural y por ende Pemex, era el del transporte del fluido. En el caso de México, las soluciones de por sí complejas y costosas, adquirieron mayor grado de dificultad, por lo extendido de su territorio, la relativa concentración de las zonas productoras[150] y su lejanía de los centros consumidores.

La extensión de los gasoductos está estrechamente ligada a los niveles y ritmos que alcanzan las actividades productivas, e indudablemente a los de la distribución de gas natural. Este aspecto básico y elemental por considerar, por toda empresa petrolera, con avanzados grados de integración, no parece haber estado muy presente en las actividades de Pemex, a juzgar por importantes capacidades ociosas de la red de gasoductos durante algunos años, y por el contrario, por la falta de instalación oportuna y/o mantenimiento adecuado de los gasoductos en otros.[151]

La operación del transporte de gas natural en términos orgánicos, ha sido incumbencia de la Subdirección de Producción Primaria y en forma directa, de su Gerencia de Explotación y a partir de 1978, de la Gerencia de Ductos. En este sentido, la responsabilidad por los grados de eficiencia con que operan los gasoductos recae formalmente en dicha subdirección. No obstante, la construcción y supervisión, han quedado bajo la responsabilidad de la Gerencia de Proyectos y Construcción, posteriormente subdirección, por lo que la calidad de la operación y mantenimiento de las líneas de conducción, a la postre, se han achacado, en parte también, a esta gerencia (subdirección) de construcción.

Las decisiones concernientes a la construcción de gasoductos, eran

* El tema aquí abordado está basado en la investigación realizada por el ingeniero Sotero Prieto, "Transporte y distribución de hidrocarburos" inédito, Programa de Energéticos, El Colegio de México, 1986.

150 Véase el mapa 2 en el Anexo estadístico.

151 Son los casos, entre otros, del gasoducto de 20 plg Poza Rica-Valle de México, construido antes de 1950 y el gasoducto de 12 plg Campeche-Mérida, construido a principios de los ochenta. En ambos casos, el funcionamiento se vio afectado por falta de mantenimiento en los sistemas de protección anticorrosiva, especialmente catódica.

frecuentemente tomadas en ámbitos ajenos a estas dependencias, la Gerencia de Explotación y Gerencia de Proyectos y Construcción, y competían a la propia Dirección General a través de su Oficina de Coordinación de Estudios Técnicos, actualmente Subdirección de Planeación. Tales eran, en términos formales, las instancias o dependencias involucradas. Sin embargo, continuamente estas decisiones se veían influidas por presiones directas del ejecutivo y/o secretarías, muchas de ellas provenientes de sectores o grupos privados empresariales.[152]

La tarea de analizar la suerte corrida por los sistemas de conducción de gas natural, en la República, responde a la necesidad de evaluar ¿qué tanto el transporte del gas natural se constituyó (o no) en un factor-obstáculo para el desarrollo armónico y equilibrado de la industria del gas? En otras palabras, la tarea de analizar la evolución de los sistemas de conducción de gas natural, debe permitir evaluar y medir —lo más ajustado a la realidad y hasta donde la información disponible lo ha permitido—, su desarrollo y la eficiencia con que esta fase importante de la industria del gas, permitió la disponibilidad de los volúmenes producidos para los usuarios.

Antes de exponer los aspectos sustanciales al tema, es necesario hacer algunas aclaraciones con respecto a las cifras, cantidades y volúmenes de gas, manejados por Pemex, con respecto al transporte de gas natural. No está de más señalar que por su relevancia, estas aclaraciones son incorporadas al texto.

Al compararse cifras relativas a volúmenes de gas, manejados y registrados por distintas fuentes del propio Pemex, éstas no coinciden. Tales discrepancias se deben a los diversos criterios utilizados para llevar a cabo la medición[153] (e incluso ausencia de registros, especialmente en lo tocante a fugas y pérdidas en general), y en menor grado, a errores provocados por los propios equipos de medición o descuidos de personal encargados de elaborarlos.[154]

[152] Los casos no son pocos. Uno de ellos es el gasoducto que va de Chávez a Torreón, terminado antes que se tuviera el troncal Monterrey-Chávez (antes de 1964). Además del citado gasoducto Cd. Pemex-Campeche-Mérida, cabe agregar el gasoducto Torreón-Durango (ambos fuera de operación en 1986) y el gasoducto Salamanca-Las Truchas, cuya justificación inicial era la entrada en funcionamiento de la segunda etapa de la siderúrgica Lázaro Cárdenas (Sicartsa, a base de gas natural, así como el de Querétaro a San Luis Potosí y otros más que aunque operan, conducen muy bajos volúmenes de gas en comparación con sus capacidades.

[153] Uno de ellos mide los volúmenes de gas manejados a 1 kg/cm^2 de presión y 20°C de temperatura (Gerencia de Ductos), otro que considera 8 460 kcal por m^3 = 950 BTU/PC (la base que considera la Gerencia de Ventas para facturación) y otro, para exportación, que adopta como base 1 000 BTU/PC. Las diferencias entre métodos de medición y de referencias puede hacer variar en un rango que va de ± 5% los volúmenes manejados de gas natural seco.

[154] En estos casos la discrepancia se sitúa en un rango que va de entre ± 1.5% de los volúmenes de gas manejados.

Las diferentes formas de medición de volúmenes de gas natural,[155] no ajustadas a criterios uniformes, convencionales y, en ciertos casos, carentes de verificación, explican las discrepancias constatadas entre cifras publicadas por una u otra fuente. En tal situación, fue menester realizar algunas estimaciones, como sucedió en el caso de los movimientos en toneladas-kilómetros (ton km) efectuados, parámetro idóneo para medir la eficacia con que operaron las líneas de conducción de gas.[156]

En las páginas que siguen se aborda la evolución del transporte de gas natural entre los años 1970 y 1985, definido como la infraestructura física (gasoductos), que permite la conducción de los fluidos, seco y dulce, desde los centros de recolección y plantas de tratamiento, hacia las redes de distribución. Para dar una idea más completa de los volúmenes de gas manejados, se hace también constante mención a las variaciones experimentadas por los volúmenes de gas, vendidos internamente.

Situación en 1971

A fines de 1971,[157] se contaba con una red de gasoductos cercana a los 4 300 km (incluye redes de distribución, pero no de recolección ni de bombeo neumático), variando el diámetro de los gasoductos en operación entre 4 y 24 plg (cuadro III.26). El sistema de gasoductos comprendía el sistema Ductos Norte, Ductos Sur-Centro y la Red de Gas del Valle de México.

Mientras que antes de los cincuenta gran parte de las tuberías utilizadas para la instalación de ductos fueron importadas, se lograron im-

[155] El problema de medición y registro de volúmenes de gas manejados, con base en criterios arbitrarios y que pueden originar confusión, no surge solamente en el caso del transporte de gas natural; también, y tal vez más grave, es la adopción de ciertos criterios utilizados por Pemex para evaluar las reservas probadas de gas seco. Véase para mayor detalle el capítulo IV.

[156] Sólo a partir de 1971, se inició el registro de los movimientos en toneladas-kilómetro (ton km) de los hidrocarburos desplazados por los diversos medios e incluso a partir de aquel año tales registros fueron hechos en forma agregada. Véase el cuadro 43 en el Anexo estadístico. Entre los años 1979 y 1982, ambos inclusive, además de los problemas soslayados respecto a la imprecisa medición de los volúmenes de hidrocarburos desplazados, *no se registraron* los movimientos en ton km, al menos en las respectivas *Memorias de labores* de Pemex.

[157] El diagnóstico es establecido para el año 1971, por carecerse de datos confiables y registros coherentes para 1970; aunque en el caso de los movimientos efectuados medidos en ton km/año se hicieron estimaciones para este año, cuadro III.27. Al comparar las cifras expuestas en el cuadro III.26, con algunos datos parciales contenidos en la *Memoria de labores, 1970*, se estima que las variaciones no fueron significativas, salvo en los gasoductos: Reynosa-Monterrey-Torreón-Chihuahua, cuya capacidad era menor a 550 MMPCD, presumiblemente 525, y Cd. Pemex-México-Salamanca-Guadalajara, que pasó de 560 en 1970, a 630 MMPCD en 1971.

portantes progresos en los años siguientes llegando a producirse localmente tuberías hasta de 24 plg de diámetro y a un límite elástico del acero de 52 000 lb/plg^2 (API x 52).[158]

De acuerdo con estimaciones realizadas en 1970, los gasoductos efectuaron un movimiento cifrado en 4 700 MM ton km, lo que correspondía a un poco más de 34% del total de movimientos realizados por el conjunto de ductos. En 1971, año en que se inician los registros de movimientos, los gasoductos desplazaron 5 087 MM ton km, manteniéndose su participación en el total de movimientos realizados por el conjunto de ductos.[159] El costo unitario pesos por 100 ton km se estimó, ubicado en un rango que iba entre 9 y 14 pesos por 100 ton km (cuadro III.27), cifras que lo situaban como el medio de transporte más caro, de no considerarse autotanques ni carrotanques.

La infraestructura existente en 1970 permitía que por zonas la distribución de gas natural se realizara de la siguiente manera:

En la Zona Norte se consumía casi en su totalidad el gas producido, mayoritariamente no asociado (87%). De la planta de absorción de Reynosa salieron los 119.0 MMPCD, exportados a Estados Unidos que consignan las estadísticas.[160] Su transporte se efectuó mediante un gasoducto de 14 plg y 2 km de extensión conectándose en la frontera con un gasoducto propiedad de la Texas Eastern (cuadro III.28).

Para el mercado interno y en lo que se refiere al Sistema Ductos Norte, se disponía de once gasoductos que cubrían el tramo Reynosa-Chihuahua (cuadro III.26). De éstos destacan: las líneas de 22 y 24 plg, gasoductos propiedad de Pemex (249 y 177 km de longitud respectivamente), que transportaron alrededor de 340 MMPCD de los cuales 281 fueron conducidos por el gasoducto Escobedo-Monterrey y cerca de 56 MMPCD por el gasoducto Escobedo-Monclova.

El resto de los gasoductos que cubrían el tramo Monterrey-Chihuahua; Monterrey-Saltillo; Saltillo-Chávez; Chávez-Cd. Camargo; Cd. Camargo-Chihuahua; Escobedo-Monclova, y Chávez-Torreón, condujeron: 75; 62.4; 32; 9.8; 56, y 30 MMPCD respectivamente (cuadro

[158] Tanto en lo que respecta a la adquisición de tuberías de acero, como a la construcción de líneas de conducción, Pemex se ha apegado hasta donde le ha sido posible, a las normas norteamericanas API (American Petroleum Institute), ANSI (American National Standard Institute) o ASA (American Standard Association). Salvo en caso de obras especiales, las tuberías van enterradas y protegidas con recubrimientos y catódicamente para evitar la corrosión. Indistintamente se han utilizado tuberías con costura longitudinal (AHMSA) o sin costura (TAMSA). Estas últimas en tuberías de hasta 16 plg de diámetro exterior como máximo, y en casi todos los casos, en tramos promedio de 40 pies con extremos biselados para soldarse. Las tuberías con costura longitudinal, se limitaban a las de 24 plg de diámetro.

[159] Véase el cuadro 43 en el Anexo estadístico.

[160] Estos volúmenes difieren de los 106.4 MMPCD (cuadro III.38), facturados debido a que estos volúmenes fueron medidos a 1.033 kg/cm^2 y 15.6°C (14.7 lb/plg^2 y 60°F.).

Cuadro III.26
Gasoductos en operación a fines de 1971

	Diámetro plg	*Longitud km*	*Capacidad MMPCD*
Ductos Norte			
Reynosa-Monterrey	22	249.0	550
Reynosa-Monterrey	24	177.1	550
Escobedo-Monclova	10	173.0	106
Escobedo-Monclova	10	173.0	106
Monterrey-Chávez	16	309.1	159
Chávez-Chihuahua	12	434.4	85
Chávez-Torreón	12	36.2	48
Ojo Caliente-Saltillo	8	32.0	18
Paila-Parras	4	36.0	10
Km 153.8-Laguna del Rey	8	97.0	8.5
Km 682-Camargo	8	14.4	24
Reynosa-Cd. Alemán	12	87.0	50
Reynosa-Matamoros	12	94.0	50
Reynosa-Texas Eastern	14	2.0	177
Reynosa-Texas Eastern	16	2.0	117
Constituciones-Cd. Madero	12	24.0	40
Ductos Sur-Centro			
Cd. Pemex-Venta de Carpio	24	780.4	829
Cd. Pemex-Venta de Carpio	24	592.1	829
Venta de Carpio-Salamanca	14	268.6	140
Salamanca-Guadalajara	14	238.0	28
Km 962.7-Querétaro	10	23.0	36
La Venta-Estación 2	14	14.0	100
Tierra Blanca-Angostura	10	20.0	115
Angostura-Veracruz	20	74.7	80
Cocuite-Angostura	4	38.0	20
La Venta-La Ceiba	12	3.8	100
Apizaco-Tlaxcala	4	38.0	5
Venta de Carpio-Tlanchinol	6	141.0	10
Xicalango-Cd. del Carmen	4	16.0	6
Red de gas del Valle de México	*	112.3	420

* Varios diámetros.

Fuente: Pemex, *Memoria de labores, 1971*, México, 1972.

Cuadro III.27
Movimiento de hidrocarburos y rangos estimativos de costo, 1970

Medio de transporte	*Km*	*Movimiento MM ton km*	*Rango estimado de costo promedio $/100 ton km*[a] *Mínimo*	*Máximo*
Ductos				
Crudo (troncales)	1 750	4 800	3	5
Gas natural	4 000	4 700	9	14
Petrolíferos	3 500	4 100	6	9
Petroquímicos	450	80	8	12
Subtotal	9 700	13 680		
Buquetanque (de Pemex)		9 000	4	6
Autotanque (sin reparto)		1 500	20	28
Carrotanque (según Pemex)		1 400	18	25
Carrotanque (según FNM)[b]		2 368	-	-

[a] Un dólar = 12.50 pesos.
[b] Ferrocarriles Nacionales de México, registra e informa los movimientos de combustóleo y otros productos independientemente de Pemex.

Fuente: *Plan de la Industria Petrolera, 1970-1980.* Entrevistas con técnicos especializados. Estimaciones elaboradas por el ingeniero Sotero Prieto, obtenidas mediante la extrapolación de los movimientos de hidrocarburos registrados después de 1970.

III.28). Además, entre Reynosa y Monterrey se disponía de un gasoducto propiedad de la empresa regiomontana GIMSA por el que se transportaron 75.1 MMPCD (Cuadro III.28). Para la industria siderúrgica y carbonífera, y en forma independiente de Pemex, se importaban de Estados Unidos volúmenes que no superaban los 50 MMPCD con destino a Nueva Rosita, Coah., y a Cananea, Son., mediante gasoductos de no más de 100 km de longitud en territorio mexicano, cuya propiedad era de empresas con actividades en los sectores aludidos.

De los campos de la Zona Norte (Distrito Norte), se produjeron un poco más de 90 MMPCD de gas asociado, con elevada proporción de CO_2, parte del cual se aprovechaba en la refinería de Ciudad Madero, vendiéndose estimativamente sólo 3 MMPCD a las industrias de aquella región. Para tal efecto, se disponía de un gasoducto de 12 plg y 24 km de longitud (Constituciones-Ciudad Madero), (cuadro III.26).

De los campos de Poza Rica (Zona Centro), se obtuvieron un poco más de 300 MMPCD de gas natural amargo, quemándose alrededor de 100. Del total restante, 98% lo consumió Pemex en sus diversas ope-

Cuadro III.28
Volúmenes de gas natural transportados por los gasoductos existentes en 1970

Sistema	*MMm³*	*MMPCD*
Gasoducto Cd. Pemex-México Guadalajara		
Cd. Pemex-Villahermosa	4 828	467.1
Villahermosa-La Venta	4 553	440.5
La Venta-Minatitlán	4 738	458.4
Minatitlán-Veracruz	3 521	340.6
Veracruz-Orizaba	7 170	353.1
Orizaba-Puebla	3 513	339.6
Puebla-México	3 161	305.8
México-Edo. de México e Hidalgo	1 084	104.9
Edo. de México e Hidalgo-Querétaro	550	53.2
Querétaro-Salamanca	529	51.2
Salamanca-Guadalajara	152	14.7
Reynosa-Texas Eastern	1 230	119.0
Reynosa-Monterrey (GIMSA)	776	75.1
Matamoros-Reynosa-Miguel Alemán	181	17.5
Gasoducto Reynosa-Monterrey-Torreón-Chihuahua		
Reynosa-Escobedo	3 507	339.3
Escobedo-Monterrey	2 909	281.4
Monterrey-Saltillo	770	74.5
Saltillo-Chávez	645	62.4
Chávez-Cd. Camargo	331	32.0
Cd. Camargo-Chihuahua	101	9.8
Escobedo-Monclova	570	56.0
Chávez-Torreón	310	30.0

Notas:

Los consumos internos y las diferencias en medición están prorrateados.
En Puebla está incluido el consumo de Tlaxcala.
En Escobedo se extrae la demanda de Monclova.
Los volúmenes corresponden al promedio diario anual, referidos a las condiciones base de 20°C y 1 km/cm², sin corregir por poder calorífico.

Fuente: Pemex, *Superintendencia general de gas y gasolina* México, 1971.

raciones (la circulación del gas para bombeo neumático —gas lift—, indirectamente obligaba a quemar una parte), y un poco menos de 2%, se vendía a la planta termoeléctrica de la CFE de Poza Rica.

En la cuenca del Papaloapan, Ver. (Zona Centro), se produjeron 38 MMPCD, casi en su totalidad no asociado. De este volumen, 21 se enviaban a Veracruz para su venta y los restantes 17 MMPCD se consumían en las instalaciones de Pemex y/o se inyectaba al gasoducto de 24 plg Ciudad Pemex-México.

En las zonas del sur (Sur y Sureste), se produjeron cerca de 782.5 MMPCD de gas húmedo y se obtuvieron alrededor de 500 de las plantas de absorción de Ciudad Pemex y de La Venta (ambas en Tabasco). El sistema de conducción, que operaba en la zona, consistía en un gasoducto de 24 plg con una longitud de 780.4 km de Ciudad Pemex al Valle de México, Venta de Carpio (cuadro III.26) y un tramo paralelo de igual diámetro con una longitud de 592 km y 9 estaciones de recompresión. Desde Venta de Carpio hacia Salamanca y Guadalajara se disponía de gasoductos de 14 plg con longitudes de 268 y 238 km, respectivamente. Por el Valle de México pasaron casi 306 MMPCD y continuaron hacia Salamanca y Guadalajara, 51 y 15 respectivamente (cuadro III.28).

A pesar de que en ciertos casos no se contó con suficientes compresoras de relevo para asegurar un flujo continuo, especialmente en el gasoducto Ciudad Pemex-Venta de Carpio, en 1970, la capacidad que poseían estos gasoductos superaba los volúmenes disponibles en las plantas, por lo que es posible afirmar que el transporte no constituía, en ese entonces, un obstáculo mayor para el suministro de gas natural. No obstante, es preciso señalar ciertos problemas, en ningún caso marginales, que afectaban el suministro. Tal es el caso del gas conducido a través de las líneas Reynosa-Monterrey-Chihuahua. El gas disponible y desplazado a través de estas líneas satisfacía, sólo parcialmente, la demanda de la región de Monterrey y Monclova, lo que causaba problemas para cubrir la demanda originada en Torreón y Chihuahua. En la medida en que los volúmenes de gas desplazados eran insuficientes y muy por debajo de la capacidad, el valor al cual era vendido no cubría el cargo anual correspondiente al costo de la tubería, en especial de Torreón (Chávez) a Chihuahua de 433 km de longitud. Los desequilibrios entre la oferta y la demanda de gas natural —tanto en el caso descrito como en otras regiones— se compensaban o amortiguaban, variando el consumo en las instalaciones de Pemex y/o CFE que contaban con quemadores para combustóleo (duales).[161]

[161] Con anterioridad, se hizo referencia a las sugerencias hechas por Pemex a los usuarios, para hacer frente a contingencias que afectasen la disponibilidad de gas natural. Cabría añadir aquí que pese a eso la mayor parte de los clientes no efectuaban las inversiones necesarias para poseer quemadores duales, optando por ejercer presión —previa crítica a Pemex—, cuando se interrumpía o se veía afectado el suministro.

Evolución

La pérdida eventual de la autosuficiencia en productos petroleros y la crítica situación financiera que Pemex afrontaba a inicios de los setenta, fueron dos de los elementos esenciales que condicionaron la elaboración de propuestas y política globales, diseñadas por la empresa a inicios del sexenio 1970-1976. La situación por razones ampliamente expuestas en páginas anteriores, cambió drásticamente en el siguiente sexenio (1976-1982), de acuerdo con las políticas y metas delineadas por Pemex. Como resultado de eso, el ritmo y dinámica conferidos a las actividades primarias fueron totalmente distintos entre ambos sexenios, e igualmente distintos fueron los papeles que estarían llamados a desempeñar los sistemas de transporte.

En el sexenio, 1970-1976, las ventas de gas experimentaron un movimiento errático y a un magro 2.6% promedio anual. En consonancia, la ampliación otorgada al sistema de transporte de gas natural fue reducida. En el segundo sexenio, 1977-1982, por el contrario, las ventas internas crecieron a un ritmo cercano a 11% promedio anual y la red de gasoductos no sólo se amplió considerablemente, sino que además sus capacidades se incrementaron significativamente.

En efecto, entre 1970 y 1976, el leve aumento registrado en la producción de gas natural, aunado al aumento un poco más que proporcional de la quema de gas asociado, trajo como consecuencia que los volúmenes disponibles, aunque mayores, resultasen insuficientes para cubrir la creciente demanda interna.[162] La demanda insatisfecha en aquel periodo fue, en gran parte, cubierta por su sucedáneo el combustóleo, a juzgar por la elevada tasa promedio anual que registraron sus ventas: 16.3%.[163] Al evaluar, por regiones, la disponibilidad de gas natural y las ventas internas para el periodo 1970-1976 (cuadros III.29 y III.30, respectivamente), destacan dos aspectos determinantes en la evolución de los sistemas de conducción. Primero, las disponibilidades en las regiones Norte y Centro disminuyen, al pasar de 570 a 400 MMPCD en la primera y de 200 a 100, en la segunda (básicamente Poza Rica). En la región Sur, por el contrario, la disponibilidad de gas natural se multiplica casi por dos al pasar de 456 a 900 MMPCD. Segundo, la evolución de las ventas internas por regiones, fue un tanto distinta a la seguida por la disponibilidad de gas natural. En efecto, si bien en la región Norte las ventas internas disminuyen en alrededor de 50 MMPCD —y dicho sea de paso desaparecen las exportaciones—, en las regiones Centro y Sur las ventas aumentan pasando en la primera de las mencionadas, de 250 a 317 MMPCD y en la segunda de 95 a 178 (cuadro III.30).

[162] Véase el cuadro 13, en el Anexo estadístico.
[163] Véase el cuadro 25, en el Anexo estadístico.

Cuadro III.29
Disponibilidad de gas natural por regiones, 1970-1982
(en millones de pies cúbicos diarios-MMPCD)

Regiones	*1970*	*1976*	*1980*	*1982*
I y II: Norte	570	400	1 500	400
III y IV Centro y Bajío	200	100	130	160
V: Sur	456	900	1 125	2 483
Total	1 226	1 400	2 755	3 043

Fuente: IMP, Subdirección de Planeación, *Estudios internos.*

Cuadro III.30
Ventas internas por regiones, 1970-1982
(en millones de pies cúbicos diarios-MMPCD)

Regiones	*1970*	*1976*	*1980*	*1982*
I y II: Norte	400	350	633	572
III: Centro	250	317	415	468
IV: Bajío	25	42	91	84
V: Sur	95	178	240	238
VI: Pacífico	0	0	0	0
Total	770	887	1 379	1 362

Fuente: *Ibid.*

El incremento de las ventas internas en las regiones Centro, Sur y Bajío (en menor proporción en esta última), durante el periodo, 1970-1976, se debió al crecimiento que experimentó la producción proveniente de Ciudad Pemex, y a partir de 1975, a la incorporación de los campos productores del Mesozoico. El sustancial incremento en la producción de gas a partir de 1973, permitió no sólo incrementar las ventas internas en la región Sur, sino enviar volúmenes importantes del fluido a las regiones Centro y Bajío, pese al crecimiento que experimentó el consumo interno de Pemex en el mismo periodo.

A fines de 1976, la construcción de nuevos gasoductos correspondió, en términos generales, a ramales y líneas en paralelo a las troncales de los sistemas Ductos Norte (Reynosa-Monterrey-Chihuahua), Ductos Sur-Centro (Cd. Pemex-México-Salamanca-Guadalajara) y a los nuevos gasoductos construidos en el sistema Ductos Sur, de los que destacaban: Cactus-La Venta (que transportaba gas húmedo a proceso); Cactus-Ciudad Pemex, y Samaria-Cactus (de 36 plg de diámetro y 16.5 km de longitud con capacidad para 500 MMPCD), terminado a principios de 1976.[164] Las longitudes estimadas de los gasoductos pasarían de 4 300 km en 1971, a 5 874 km en 1976 (cuadro III.31).

En la medida en que los volúmenes de gas enviados a las regiones deficitarias en gas natural, no eran aún excesivas, las capacidades de los gasoductos existentes en 1970, y las leves extensiones otorgadas al sistema en su conjunto hasta 1976, fueron suficientes, aparentemente, para efectuar tales operaciones.

Pero no sólo eso, las leves extensiones otorgadas al sistema entre 1971 y 1976, permitieron aumentar los movimientos (ton km) de gas natural sin que a fines de este último año mencionado se presentara en términos globales, desaprovechamientos de las capacidades como sucedería en años posteriores. En efecto, en 1976, los movimientos realizados alcanzaron la cifra de 6 150 MM ton km,[165] cifra muy cercana a la capacidad de movimiento que poseían los gasoductos con diámetros superiores a 10 plg 6 208 MM ton km (cuadro III.32).

Aquello no podía ser de otra manera, en la medida en que las extensiones de los gasoductos, tanto en longitud como en diámetro, y la instalación de estaciones de compresión fueron hechas como resultado, por un lado, de los aumentos en la disponibilidad de gas natural de algunas regiones, superior al consumo (Sureste), y déficit en otras (Centro y Bajío); y por otro, de las presiones a la postre efectivas, de distintos grupos o sectores consumidores.

La situación descrita cambiaría un tanto si en el análisis pudiera considerarse el hecho de que en México existió permanentemente una demanda potencial insatisfecha, factor difícil de medir, por las peculiaridades que siempre ha presentado el mercado de los productos petrolíferos, y en particular, el del gas natural y del gas licuado.[166]

[164] Véase el cuadro 44, en el Anexo estadístico.

[165] Véase el cuadro 43, en el Anexo estadístico.

[166] Sin duda la más importante, es la existencia de sucedáneos (combustóleo en el caso del gas natural, y el gas natural en el caso del gas licuado), que hace que leves variaciones en los precios o dificultades en el aprovisionamiento, sean difícilmente cuantificables.

Cuadro III.31
Red de gasoductos en operación, 1971-1985

(kilómetros)

Año	*Diámetro (plg)*								
	4	*6*	*8*	*10*	*12*	*14*	*16*	*18*	*20*
1971	128.0	141.0	143.4	389.0	679.4	522.6	311.1		74.7
1976	116.0	257.5	295.4	406.0	736.0	542.1	674.2		166.2
1981	87.5	471.2	287.2	624.3	910.7	540.8	1 561.3	22.2	220.7
1982[a]	1 278.5	1 626.6	1 133.3	1 044.3	1 997.2	759.5	2 572.0	443.7	305.4
1985[b]	89.0	455.0	398.0	369.0	959.0	537.0	1 417.0	277.0	245.0

Cuadro III.31

(continuación)

Año	*Diámetro (plg)*						*Redes de distribución (vs. diámetro)*	*Total*
	22	*24*	*30*	*36*	*42*	*48*		
1971	249.0	1 549.6				112.3	4 300.1	
1976	250.0	2 012.9		16.0			402.0	5 874.3
1981	169.4	2 299.8	713.1	136.3	145.0	1 102.0	1 022.1	11 269.5
1982[a]	348.9	3 604.9	954.5	802.4	165.0	1 218.0	994.1	19 248.4
1985[b]	168.0	2 938.0	731.0	1 008.0	166.0	1 232.0	1 799.0	12 788.0

[a] A partir de 1982, se incluyen ductos de recolección.
[b] A partir de 1985, los ductos de recolección se agrupan en ductos de recolección y servicio.

Fuentes: Pemex, *Memoria de labores, 1971-1972* y Pemex, *Anuario estadístico, 1985*. México, 1986.

Trastocadas profundamente en su dinámica, las actividades primarias en 1976, con la llegada de Jorge Díaz Serrano a la administración de Pemex, el transporte de gas natural acusó transformaciones de talla acorde con los nuevos programas y metas delineados.

A principios de 1977, las justificadas expectativas que se tenían con respecto a los incrementos de la producción de gas natural, y particularmente a la producción de gas natural asociado, que se preveía obtener en la Zona Sureste (Tabasco-Chiapas), hacían que las perspectivas respecto a la disponibilidad de gas natural fueran vistas poco tiempo des-

Cuadro III.32
Capacidades de conducción y movimiento en la red de gasoductos troncales, algunos años*

		Diámetro (plg)											
Concepto	*Año*	*12*	*14*	*16*	*18*	*20*	*22*	*24*	*30*	*36*	*42*	*48''*	*Total*
Capacidad económica de conducción													
MMPCD[a]		60	75	100	145	190	250	320	580	900	1 400	2 000	
M ton km[b]		400	500	700	1 100	1 300	1 700	2 200	4 000	6 300	9 800	14 000	
Longitud (km)	1976	400	542	674	—	166	250	2 013	—	16	—	—	
	1981	910	541	561	22	221	169	2 757	713	519	145	1 218	
	1985	959	537	1 417	277	245	168	2 938	731	1 008	166	1 232	9 678
Capacidad económica de movimiento[c]													
10^3 MM ton km	1976	294	271	472	—	216	425	4 429	—	101	—	—	6 208
	1981	364	270	1 092	22	287	285	6 065	2 852	3 270	1 420	17 000	32 927
	1985	380	260	1 000	270	320	280	6 460	2 900	6 300	1 600	17 240	36 810

* Las cifras totales estimadas en ton km se elaboraron considerando para cada diámetro, la capacidad económica *límite inferior* y no incluyen los gasoductos inferiores a 12 plg. de diámetro ni las redes de distribución. De considerarse estas últimas y de haberse optado por el límite superior, en capacidad de conducción de los gasoductos, las capacidades económicas de movimiento se hubieran incrementado seguramente en más de 20 por ciento.

[a] Se refiere a la capacidad económica correspondiente al diámetro respectivo, medidos aproximadamente:
1 MMPCD a 20°C y 1 kg/cm^2 = 7 M ton/año.

[b] 1 MMPCD medido a 20°C y kg/cm^2 = 7 M ton/año. Las cantidades resultan de multiplicar los MMPCD respectivos, por 7 M ton/año, y son invariables.

[c] Resulta de multiplicar la longitud (km) por la capacidad económica expresada en ton/año.

Fuente: Estimaciones elaboradas por el ingeniero Sotero Prieto y datos tomados de Pemex, *Anuario estadístico, 1985*.

pués con un optimismo excesivo dando lugar a que Pemex considerara, como la opción más conveniente, la exportación de 2 000 MMPCD de gas.

La posibilidad de exportar volúmenes masivos de gas natural, fincados en un restringido consumo interno en años venideros, sustancial reducción de los volúmenes de gas quemado, y una alta relación, gas/aceite, de ciertos campos del área de Reforma,[167] se mostró, a la postre, basada en supuestos irreales. Pese a esto, la Dirección General de Pemex, dio instrucciones de elaborar estudios conducentes a justificar las viabilidades, técnica y económica de construir un gasoducto de 48 plg entre Cactus y Reynosa.[168] La construcción del mencionado gasoducto se inició antes de que se concretara el acuerdo de venta de gas entre México y Estados Unidos y pese a las múltiples y variadas objeciones surgidas en torno al proyecto.[169]

Finalmente, se construyó el gasoducto de 48 plg entre Cactus y San Fernando —pese a no disponerse, ni remotamente, de los 2 000 MMPCD ofrecidos a Estados Unidos y de 42 plg hacia los Ramones para entroncarse a los gasoductos de 24 y 22 plg entre Reynosa y Monterrey.

La construcción del gasoducto de 48 plg, en particular, hizo que las extensiones en términos de longitud aumentaran sustancialmente entre 1977 y 1981 al pasar de 6 637 a 11 269 km (cuadro III.31),[170] distorsionando, en parte, la dinámica experimentada por el sistema de transporte de gas natural durante el sexenio anterior (1970-1976), y que se había prolongado hasta 1978. Esta dinámica, cabe reiterarlo, había sido la de expandir el sistema, añadiendo líneas en paralelo y ramales, construcciones que se realizaron de acuerdo con las disponibilidades de gas, tanto de la Zona Sureste al altiplano como de Reynosa-Chihuahua.

Al evaluar la situación por regiones hasta 1978, se puede ver que en el Sistema Ductos Norte, no se efectuaron ampliaciones significati-

[167] Se trata de las ya mencionadas ocho estructuras (Artesa, Cacho López, Agave, Paredón, Sunuapa, Copanó, Giraldas y Mundo Nuevo), localizadas en la mencionada área, cuyas reservas probadas de gas a fines de 1976, eran de 6.2 MMMPC, lo que representaba un incremento de 31.4% de las reservas probadas totales a esa fecha. Pemex, Subdirección de Producción Primaria, *op. cit.*, p. 3.

[168] Se refiere al documento elaborado por Pemex. Subdirección de Producción Primaria, Gerencia de Explotación. *Generalidades del proyecto de construcción del gasoducto Cactus-Reynosa*, México, julio, 1977.

[169] Las objeciones al citado proyecto provenían de distintos grupos y por distintas razones; desde la impugnación de su ruta alejada de centros de consumo alternativos, lo oneroso del proyecto; razones de orden técnico-económico-práctico; e incluso de soberanía nacional. Para mayor detalle véase el capítulo IV.

[170] Las longitudes alcanzadas a fines de 1982, publicadas por Pemex, no sirven para efectos comparativos ya que en el cuadro III.31 citado, la cifra 19 248.4 km, incluye los ductos de recolección. Sólo a partir de 1985, el Anuario estadístico de Pemex, fuente utilizada en las cifras relativas a extensiones en este trabajo, vuelve a la práctica usual, hasta fines de 1981, de excluir de los informes relativos a las extensiones de los gasoductos en operación a los ductos de recolección y servicio.

vas, debido a la disminución en la producción. A partir de 1978, año en que se comenzó a aprovechar el gas obtenido en el campo Sabinas, éste se conectó con Monterrey aunque se utilizó poco, ya que en Monclova se consumió, prácticamente, todo el gas producido. A partir de 1979, entró en operación el gasoducto Cactus-San Fernando-Monterrey (Los Ramones), aumentando sensiblemente el suministro de gas al noreste y con ello las ventas internas (cuadro III.29).

En el llamado Sistema Ductos Sur-Centro, se amplió la capacidad de algunos ramales intermedios, a medida que fue ascendiendo el suministro de gas proveniente de Ciudad Pemex, La Venta y posteriormente de las plantas de Cactus. Los volúmenes de gas producidos en los campos cercanos a las refinerías Madero y Poza Rica, fueron consumidos en su mayor parte en las instalaciones de Pemex.

Debido a que antes de 1979 no estaban interconectados los Sistemas Sur y Centro con los del Norte, los consumos se limitaban a las disponibilidades de gas de las plantas localizadas en las respectivas zonas. Es por eso que mientras los consumos no aumentaron en el noreste (Tamaulipas, Nuevo León y Chihuahua), en cambio desde el sur hasta el centro del país (Tabasco a Jalisco) pudo incrementarse el consumo en forma apreciable (cuadro III.30).

A fines de 1982,[171] se había conseguido abastecer de gas natural a una extensa franja del territorio que abarca poblaciones localizadas desde la península de Yucatán hasta la fronteriza Ciudad Júarez.[172] A excepción de la región del litoral del Pacífico, casi todas las concentraciones urbanas de la República recibían gas natural, aunque no lo suficiente como para satisfacer la demanda potencial, proveniente tanto del sector industrial como del residencial, pese a que —en ciertos casos— los gasoductos tuvieran los diámetros que correspondían a capacidades económicas de conducción, mucho mayores a las que realmente transmitieron.

En los casi 6 000 km en que estimativamente se extendieron las líneas de conducción de gas natural, en el periodo 1977-1982, destacan los ya mencionados gasoductos de 48 y 42 plg de Cactus a San Fernando y de San Fernando a Los Ramones (1 100 y 145 km respectivamente); las ampliaciones al sistema troncal del norte, incluyendo al de Chihuahua, al de Ciudad Juárez y al de Ciudad Pemex-Distrito Federal-Guadalajara.

Paralelamente al incremento en la extensión de los gasoductos, aumentaron también los diámetros de las líneas. En 1977, los gasoductos de 24 plg no superaban los 1 000 km de extensión, los de 30 plg cubrían sólo 40 km y los de 36 plg tenían una extensión de 157 km. En 1982,

[171] Véase el cuadro 45 en el Anexo estadístico.
[172] Véase el mapa 3 en el Anexo estadístico.

los gasoductos de 24, en operación, aumentaron a 3 605 km; los de 30 plg a 955 y los de 36 cubrieron 802 km. A éstos se añadieron 165 km cubiertos por dos gasoductos de 42 plg (25 km cubiertos por el tramo kilómetro 20 GRMTCH-Nueva Caseta de Exportación y 140 km correspondientes a Cactus-San Fernando),[173] y 1 218 cubiertos por líneas de 48 plg (Cactus-San Fernando de 1 102 km y Cárdenas-Río Coatzacoalcos de 116).

El aumento en extensión y en diámetros, de los gasoductos, fue resultado de los requerimientos para desplazar caudales del hidrocarburo cada vez mayores, lo que aunado al avance tecnológico alcanzado, estimuló la fabricación local de tuberías de acero mayores en diámetro, elevando además la resistencia del acero, lo que aparentemente podría haber conducido a una reducción, en términos relativos, de los costos unitarios medidos éstos en $/ton km. En efecto, la limitación de la fabricación de tuberías no mayores a 24 plg, que se tenía hasta 1974, logró superarse para obtener localmente la construcción de tuberías de diámetros mayores, e igual fenómeno se registró en lo que respecta al límite elástico del acero, al lograrse cifras de más de 60 000 lb/plg^2 (API-X62) superior a las 52 000 lb/plg^2 (API-X52) de límite elástico del acero logradas en 1970.[174]

Sin embargo, tales evidentes progresos no redundaron en los beneficios que hubiesen podido obtenerse —en términos de disminución de los costos unitarios aludidos—, ya que al conducirse volúmenes menores a las capacidades de algunos gasoductos, estos progresos logrados fueron desaprovechados.

Tanto los logros alcanzados, como algunas observaciones anteriores respecto a la evolución seguida por las líneas de conducción de gas, ofrecen un cuadro que estaría aún incompleto de no incorporarse al análisis ciertos aspectos económicos, involucrados en la construcción y operación de los gasoductos.

Con respecto a la construcción de las líneas de conducción, el bajo precio al cual era vendido internamente el gas natural, no cubría las grandes inversiones necesarias para su recolección, procesamiento y transporte, máxime cuando éste era amargo, e incluso en ciertos casos, el bajo precio resultó insuficiente para siquiera cubrir el costo de la tubería.[175] Aquello incidió en las finanzas de Pemex, tanto en el primero, como en

[173] Véase el cuadro 45 en el Anexo estadístico.

[174] Sólo en el caso de las tuberías de acero sin costura, el límite en diámetros fue de 16 pulgadas.

[175] Tal es el caso del gasoducto de 48 y 42 plg (Cactus-Ramones, cuyo costo superior a los 1 000 millones de dólares (en dólares de 1976), no pueda ser cubierto con el valor de las ventas del volumen total de gas, conducido durante más de 10 años. Situaciones análogas presenta el caso de otros gasoductos como Gómez Palacio-Cd. Juárez-Chihuahua y Cd. Pemex-Campeche-Mérida.

el segundo sexenio abordados en el presente estudio. Más aún, las forzadas e irracionales urgencias surgidas del febril ritmo impuesto a las actividades primarias, a partir de 1977, obligaron a importar cantidades masivas de tuberías, en especial por encima de 24 plg y por supuesto la de 48, como fue el caso de la utilizada en el gasoducto Cactus-Reynosa.

En lo que respecta a la operación de los gasoductos, necesariamente ha de hacerse referencia a la capacidad de su transmisión. Ésta puede ser definida, teóricamente, de acuerdo con el diámetro, espesor, resistencia del acero y obviamente, los costos involucrados. De acuerdo con estos factores, los rangos de capacidad estimada son:

MMPCD	plg
2 000 a 2 300	48
1 500 a 1 800	42
900 a 1 200	36
550 a 800	30
250 a 350	24

Determinar la capacidad *actualizada* de transmisión, tomando en cuenta los factores aludidos, es una tarea extremadamente compleja puesto que exigiría conocer en detalle los costos por obra y de operación, tanto del propio gasoducto, como de los sistemas de compresión, las condiciones físicas de los gasoductos y compresoras e incluso el valor asignado al gas natural. La envergadura de una tarea como ésta, sobrepasa con mucho los objetivos de este estudio, ya de por sí difícil —dicho sea de paso— por la escasa y parcial información disponible. No obstante, algunos datos globales obtenidos, que contrastan con los movimientos de gas efectuados, permiten afirmar, sin temor a equivocarse, que ni las sustanciales longitudes, en las cuales fue incrementada la red de gasoductos, ni el aumento de las capacidades, tuvieron como resultado, para que en el periodo, 1977-1982, pudiese constatarse una operación eficaz de los gasoductos, o al menos resultados aceptables como ocurría hasta fines de 1976.

En efecto, estos datos globales y resultados a los cuales se alude, permiten aseverar dos hechos relevantes: el primero de ellos, es que gran parte de los gasoductos instalados, en particular desde 1978 hasta 1985, se basaron en las falsas expectativas creadas a fines de 1976, respecto a las disponibilidades crecientes de gas natural. Estas erróneas estimaciones —en el mejor de los casos—, se dieron para que a la postre se contara con capacidades mayores a los volúmenes que en realidad hubo de conducir (cuadro III.33).[176] El segundo, resulta de constatar que ca-

[176] Aquello resulta fácil de comprobar al compararse, para algunos años, los volú-

Cuadro III.33
Capacidades existentes y movimiento de gas natural en algunos años
(millones de toneladas kilómetro-MM ton km)

Año	*Capacidad*	*Movimiento*
1976*	6 900.0	6 150.5
1981	32 927.0	11 587.0
1985*	36 810.0	12 000.0*

* Estimado.

Fuentes: cuadro III.32 y cuadro 46 en el Anexo estadístico.

si no se instalaron estaciones de compresión en varios gasoductos, lo que da cuenta, en forma inequívoca, del exceso en la capacidad de varios gasoductos.[177]

Con respecto a este último punto, resulta injustificable que aún a principios de los ochenta, 1982 incluido, y pese a la tendencia a la disminución en la producción de gas que hacía evidente que a corto y mediano plazos no era posible aumentar sensiblemente la disponibilidad neta de gas natural,[178] por un lado, y el exceso en las capacidades económicas de algunos gasoductos, por otro, se insistiera en la construcción de un número no despreciable de ellos. Tales son los casos de Chihuahua-Cd. Juárez (de 16 plg y 375 km de longitud);[179] Escalón-Chihuahua (de 24 plg y 268.8 km)[180] y Ciudad Pemex-Campeche-Mérida (de 16 y 12 plg y 336 y 165 km respectivamente)[181] y se encontraran en construc-

menes de gas natural desplazados, medidos en MM ton km, y las capacidades que se poseían para los años respectivos, medidas con el mismo parámetro. Así, en 1981, la movilización 11 587 MM ton km (cuadro 46 en el Anexo estadístico), y las capacidades cifraban algo más de 32 927 (cuadro III.32). Para 1985 tales cifras eran de 12 000 MM ton km (estimadas) y 36 810 MM ton km, respectivamente.

[177] Lo complejo y lento del proceso de utilizar sistemas de compresión desde la elaboración del proyecto, pasando por los respectivos estudios de ingeniería, la adquisición y la instalación de equipos, hacía que se tendiera a evitar utilizarlos, optándose frecuentemente por la solución más práctica —aunque onerosa—, de instalar tuberías de diámetros mayores.

[178] Carrión Rodríguez, Eugenio, "Producción y aprovechamiento del gas natural", IEPES, *Consulta popular para la planeación. Tema: Energéticos*, México, 1982.

[179] Registrado en construcción en Pemex, *Memoria de labores, 1980*, p. 135, y en operación en *Memoria de labores, 1981*, p. 135.

[180] En construcción en 1981 y en operación en 1982, Pemex, *Memoria de labores, 1982*, p. 82.

[181] Ambos tramos en construcción en 1980 y en operación en 1981, Pemex, *Memoria de labores, 1980 y 1981*; pp. 135 y 137 respectivamente.

ción o diseño otros: Torreón-Durango (16 plg y 250 km), Cananea-Hermosillo-Guaymas (16 plg y 610 km), Río Coatzacoalcos-Santa Ana (48 plg y 615 km), Cadereyta-Linares (10 plg y 100 km), Guadalajara-Manzanillo (30 plg y 300 km); Salamanca-Guadalajara (36 plg y 238 km); Salamanca-Lázaro Cárdenas (24 plg y 350 km); así como ramales hacia San Luis Potosí, León, Aguascalientes y Zacatecas.[182]

En efecto, pese a que en 1982 se logró el máximo histórico en la producción de gas natural, la tendencia a una declinación en los campos más importantes sugería futuros inconvenientes en la disponibilidad de gas natural.

Entre 1983 y 1985, la disminución en la producción de gas natural alcanzó una tasa promedio anual de 5.3% (cuadro II.4) y las ventas internas bajaron a un ritmo de 3.6 también en promedio anual, si bien en términos absolutos éstas registraron en 1985 un leve aumento de 9.3 MMPCD y pasando de 1 215.6 en 1984, a 1 224.4 en 1985. Aquel aumento de las ventas internas se debió, en parte, a las importaciones efectuadas en dicho año (6.5 MMPCD) y en parte, a la disminución que durante aquel año registró el consumo interno de Pemex (cuadro II.4).

La evidente escasez de gas natural y el paulatino descenso de la disponibilidad de gas, a partir de 1983, hicieron que durante el periodo 1983-1985 se moderase la construcción de gasoductos e incluso algunos de ellos dejaran de operar (cuadro III.34). Tal es el caso de los gasoductos Torreón-Durango y Cadereyta-Linares[183] y más tarde, Cd. Pemex-Campeche-Mérida.[184] Otros como Cananea-Hermosillo-Guaymas, continuaron siendo parcialmente construidos (tramo Naco-Hermosillo) o incluso suspendido como proyecto el tramo restante (Hermosillo-Guaymas). El gasoducto Coatzacoalcos-Santa Ana se redujo al tramo Zempoala-Santa Ana; Cadereyta-Linares dejó de operar; Guadalajara-Manzanillo se canceló, y el gasoducto Salamanca-Aguascalientes, ya construido, dejó de operar. Este relativo freno a la moderación en la construcción de gasoductos, entre 1983 y 1985, significó que a fines de este último, la longitud alcanzada por la red de gasoductos, pasara de 11 269 km en 1981, a sólo 12 788 en 1985 (cuadro III.31).[185] Aunque el aumento en longitudes sugiere una cierta moderación, en lo que se refiere a construc-

[182] Véase el cuadro 45 en el Anexo estadístico.

[183] Pemex, *Memoria de labores, 1984*, p. 107.

[184] Dejó de operar durante el transcurso de 1985 debido a que no se le otorgó el mantenimiento adecuado para protegerlo contra la corrosión. Según ingenieros de la Subdirección Primaria, la protección mecánica fue deficiente y no se instalaron los sistemas de protección catódica oportunamente.

[185] La longitud alcanzada según la fuente citada, ya sea el *Anuario estadístico, 1985* o la *Memoria de labores, 1985*, superó en 370 km a la presentada en el cuadro III.34. La diferencia proviene del redondeo de cifras realizado en las primeras, la no inclusión de algunos gasoductos en el cuadro III.34, y la consideración parcial de otros.

Cuadro III.34
Gasoductos en operación hasta octubre de 1986

Origen	*Destino*	*Diam. plg.*	*Long. km*	*Observaciones*
Cd. Pemex	Campeche	16	356.8	Sin operar
Campeche	Mérida	12	171.5	Sin operar
Cd. Pemex	Cd. Pemex	36	12.0	
Atasta	Cd. Pemex L-1[r]	36	96.0	
Atasta	Cd. Pemex L-2[r]	36	96.0	
Almendro	Atasta[s]	16	55.0	
Atasta	Atasta[r]	36	13.0	
Cd. Pemex	Samaria II	12	73.0	
Cd. Pemex	Cactus L-1	24	91.0	
Cd. Pemex	V. de Carpio L-1	24	780.4	
Cd. Pemex	V. de Carpio L-2	24	780.4	
Cd. Pemex	Km 100	24	100.0	
Dos Bocas	La Trinidad	48	39.2	
Nuevo Pemex	Cactus	36	11.0	
Nuevo Pemex	Cactus	36	11.0	
Nuevo Pemex	Cactus	30	11.0	
Nuevo Pemex	Cactus	30	11.0	
Nuevo Pemex	Cactus	8	11.0	
Cactus	Km. 100	36	26.4	
Cactus	La Venta	24	99.3	
Cactus	San Fernando	48	1 106.0	
San Fernando	Los Ramones	42	145.0	
Km. 73 + 800 GCPM	Cunduacán	16	9.1	
Cárdenas	La Venta	20	75.0	
Km. L))	Río Coatzacoalcos	48	126.0	
La Venta	Est. Agua Dulce	20	8.6	
La Venta	Est. Agua Dulce	14	8.6	
Est. Agua Dulce	Nuevo Teapa	24	23.5	
Nuevo Teapa	C.P. Pajaritos	20	8.1	
Nuevo Teapa	C.P. Pajaritos	8	8.1	
Nuevo Teapa	Est. Cosoleacaque	36	33.0	
Pajaritos	Minatitlán	241	18.8	
Minatitlán	Salina Cruz	6	265.0	
Est. Cosoleacaque	V. de Carpio L-3	30	540.0	
Est. Cosoleacaque	Jaltipán	12	23.3	
Minatitlán	Est. Cosoleacaque	18	11.0	
Zempoala	Santa Ana	48	378.2	
Matapionche	Piedras Negras	10	30.0	
Tierra Blanca	Angostura	10	20.0	
Angostura	Veracruz	20	74.7	
Punta Piedra	Poza Rica	24	45.0	
Poza Rica	V. de Carpio	18	213.0	
Puebla	Tetla	8	45.0	
Puebla	Tlaxcala	4	39.0	
V. de Carpio	Cuemanco	24	70.0	En construcción
V. de Carpio	Azcapotzalco	16	31.0	

Cuadro III.34
(*Continuación*)

Origen	*Destino*	*Diam. plg.*	*Long. km*	*Observaciones*
V. de Carpio	Toluca	10	94.0	
V. de Carpio	Tlanchinol	6	190.0	
V. de Carpio	Guadalajara	36	507.0	
V. de Carpio	Santa Ana	20	58.0	
V. de Carpio	Guadalajara	14	507.0	
Santa Ana	Tula	20	21.0	
Santa Ana	Tula	14	21.0	
Santa Ana	Est. Palmillas	16	71.0	
Palmillas	Toluca	16	125.0	En construcción
Ampliación Km.962 + 875	Red de Querétaro	16	24.0	En construcción
GCPMSG	Querétaro	10	24.0	
Querétaro	San Luis Potosí	16	215.0	
Valtierrilla	Salamanca	20	6.0	
Valtierrilla	Las Truchas	24	441.7	En construcción
El Castillo	CFE El Verde	24	10.0	
Est. 19	Escobedo	36	203.0	
Est. 19	Nva. Caseta Export.	42	21.1	sin operar
Reynosa	Chihuahua	24	966.0	
Reynosa	Anzaldúas	12	13.5	
Anzaldúas	C. Brasil	18	38.0	
C. Brasil	Matamoros	12	41.5	
Cd. Alemán	CP Reynosa	12	91.5	
Casa Roja	Piedras Negras	12	12.0	
Est. Totonaca	Est. 6	12	9.8	
Laredo	Gas Dom. Laredo	8	6.0	
Pta. Culebra	Santa Catarina	22	168.4	
Est. Apodaca	Est. 13	18	14.7	
Pesquería	Ref. Cadereyta	12	13.6	
Santa Rosa	Est. 13	24	12.8	
Santa Catarina	CFE San Jerónimo	24	20.0	
Monterrey	Linares	10	100.0	Sin operar
Santa Catarina	Chávez	16	279.5	
Km. 214 + 068 GRM	Cd. Hidalgo	4	25.5	
Escobedo	Monclova	30	169.0	
Escobedo	Monclova	10	169.0	
Ojo Caliente	Saltillo	10	29.7	
Ojo Caliente	Saltillo	8	32.0	
Paila	Parras	4	24.0	
Chávez	Chihuahua	12	432.6	
Chávez	G. Palacio	12	32.5	
Chávez	G. Palacio	16	33.0	
Km. 170 + 150 GRMCH	Química del rey	8	103.3	
Boquilla	CP Camargo	12	14.7	
Boquilla	CP Camargo	8	14.7	
El Peñón	CFE Delicias	12	26.1	

Cuadro III.34
(*Continuación*)

Origen	*Destino*	*Diam. plg.*	*Long. km*	*Observaciones*
El Peñón	CFE Delicias	8	26.1	
Term. Ávalos	Celulosa de Chih.	8	100.4	
Chihuahua	Cd. Juárez	16	344.0	
Naco	Cananea	8	62.0	
Naco	Hermosillo	16	340.0	En construcción
Subtotal			12 417.5	
Ramales de Distribución		2-42	1 799.4	
Total			14 216.9	

R: recolección
S: servicio
Nomenclatura
GCPM Gasoducto Cd. Pemex-México
GCPMSG
GRM Gasoducto Reynosa Monterrey
GRMCH
CFE Comisión Federal de Electricidad
CP

Fuente: Pemex, Subdirección de Producción Primaria, *Documento de trabajo interno*, México, octubre de 1986.

ciones, de tomarse en cuenta lo realizado al respecto entre 1977 y 1981, es un hecho que las capacidades añadidas por estos nuevos gasoductos, sumadas a las ya existentes, dieron como resultado un exceso en las capacidades de conducción (cuadro III.33), toda vez que los volúmenes disponibles por conducir fueron cada vez menores. Al parecer la decisión de mantener algunos proyectos, así como realizar la construcción de otros,[186] se debió a compromisos adquiridos por Pemex para suministrar gas a algunas regiones y ciertas localidades o usuarios, en detrimento de otros. No ajeno a la decisión de construir algunos gasoductos, resultó ser el hecho de que se tenían las tuberías para ello, como fue el caso del gasoducto de 48 plg de Zempoala al Valle de México.[187]

[186] Véase el cuadro 47 en el Anexo estadístico.

[187] Un ejemplo de esto, lo constituye el caso del gasoducto de Salamanca a Las Truchas. Después de que se decidió no instalar hornos en la fundidora de SICARTSA, para operar a base de gas natural, se consideró conveniente aprovecharlo a como diera lugar, lo que permitió —léase justificó— la instalación de una planta de amoniaco, sumado a otros consumidores de menor monto. El cambio trajo consigo la necesidad de construir un gasoducto de 48 plg de Zempoala (Veracruz), al altiplano para luego continuar con uno de 36 a Salamanca y Guadalajara.

A fines de 1985, la capacidad de transporte desde las zonas productoras del sur (Sureste, Marina y Golfo), hasta el altiplano y norte de la República, eran y continuaban siendo mayores a las disponibilidades de gas. Los dos gasoductos de 24 plg abastecían todo el altiplano y poseían capacidad suficiente para hacerlo. A su vez, el gasoducto de 48 plg, Cactus-San Fernando y el de 42, San Fernando-Los Ramones, poseían capacidad más que suficiente para abastecer de gas a Monterrey y zonas aledañas.

Salvo los dos gasoductos de 24 plg ya citados, el resto trabajaban por debajo de su capacidad de transmisión pudiendo concluirse que los volúmenes de gas que se condujeron de 1985, estimados en 12 000 MM ton km/año, correspondieron o utilizaron, sólo un tercio de la capacidad de transmisión evaluada en 36 770 MM ton km/año.[188]

Un balance global de las actividades relativas al transporte de gas natural, entre 1970-1985, tendría forzosamente que señalar que, por un lado, se logró una expansión considerable del sistema, en longitud y diámetros, en particular a partir de 1976, lo que en gran parte fue motivo para que esta fase de la industria del gas no se constituyera en un obstáculo —salvo excepciones—, para una distribución oportuna de los volúmenes de gas disponibles. Sin embargo, por otro lado, es menester señalar que aquello se logró con base en un elevado costo, y de acuerdo con datos globales acumulados hasta 1985, obtenidos y estimaciones adicionales, el aprovechamiento o utilización que se alcanzó de los sistemas dista de ser aceptable, a juzgar por las abultadas capacidades ociosas con las que se contaban a fines de 1985 (cuadro III.35).

En efecto, a partir de dichas estimaciones relativas, al costo de transporte de gas natural es posible también determinar, a su vez, lo que se hubiera ahorrado después de 1976, de haberse construido únicamente los gasoductos necesarios utilizando plenamente su capacidad.[189]

Del total de inversiones realizadas de 1976 a 1985, que fueron conservadoramente alrededor de 2 000 millones de dólares corrientes, incluyendo las pocas estaciones de recompresión y ampliaciones a las redes de distribución, 940 millones de dólares correspondieron al gasoducto

[188] Véanse los cuadros III.32 y 46 en el Anexo estadístico.

[189] Estas estimaciones fueron elaboradas determinándose, para cada diámetro, su capacidad económica de acuerdo con diferentes parámetros como son la inversión total de la obra: costo de la tubería e instalación, así como de las estaciones de recompresión y luego los gastos corrientes, destacando el valor asignado al gas y costos generales de operación y mantenimiento. A su vez, se seleccionaron con un criterio conservador, los volúmenes promedio límite, inferiores, que corresponden a cada diámetro (cuadro III.32). En función de la densidad del gas, se estableció el siguiente parámetro: 1 MMPCD = 7 M ton/año. De acuerdo con las longitudes que aparecen en el *Anuario estadístico, 1985*, para cada diámetro, se calcularon las ton km económicamente desplazables al multiplicarse estas longitudes por las ton km/año, correspondientes a las capacidades de conducción antes citadas.

Cuadro III.35
Comparación entre capacidades de conducción[a] y volúmenes efectivamente conducidos, 1985

Sistema *Tramo*				*MMPCD*	
Origen	*Destino*	*Diámetro*	*(plg)*	*Capacidad*	*Conducido del origen*
Ductos Norte					
Reynosa	- Ramones	36	22	1 150	226
Ramones	- Monterrey	36 24	22	1 470	543
Monterrey	- Monclova	30	10	600	74
Monterrey	- Torreón	24	16	420	107
Torreón	- Chihuahua	24	12	380	51
Chihuahua	- Cd. Juárez		16	100	9
Sur Centro					
Cosoleacaque	- Puebla	30	24	900	612
Puebla	- V. de Carpio	30	24	900	503
V. de Carpio	- Querétaro	36	14	975	288
Querétaro	- S. Luis Potosí		16	100	1
Querétaro	- Salamanca	36	14	975	145
Salamanca	- Guadalajara	36	14	975	46
Salamanca	- Las Truchas		24	320	50
Sur Este					
Cd. Pemex	- Campeche		16	100	9
Cactus	- Minatitlán		48	2 000	1 580
Minatitlán	- San Fernando		48	2 000	500
San Fernando	- Ramones		42	1 400	317

[a] Estimados a partir del cuadro III.32.

Fuentes: cuadro III.32 y Pemex, *Gas natural, una alternativa para el desarrollo*. Ponencia presentada por el ingeniero Jorge Díaz Serrano en el *Simposium Gas natural, realidad y expectativas*, Lima, Perú, mayo, 1987.

de 48-42 plg (Cactus-San Fernando-Los Ramones), cifra inferior a las manejadas por otras fuentes.[190]

Tomando en cuenta que entre 1976 y 1985, la capacidad económica de movilización ascendió de alrededor de 7 000 MM ton/km a 36 000 (cuadro III.32), y que a su vez, el incremento en la movilización realizada en ese periodo fue levemente superior a 6 000 MM ton km (cuadro

[190] La cifra oficial era de 23 000 millones de pesos o 1 000 millones de dólares, sin considerar el costo del financiamiento. Pemex, *Generalidades...*, *op. cit.*, p. 15 y *Comercio Exterior*, noviembre de 1977, p. 1287. Esta cifra sería cercana a los 2 000 millones de dólares, según *Oil Daily*, Nueva York, 7 de diciembre, 1977, el mismo periódico, 22 de diciembre, 1977.

III.33), se deduce que solamente se aprovechó menos de 25% del incremento de la capacidad económica. Esto permite inferir que cuando menos, de los 2 000 millones de dólares invertidos en el periodo, pudieron haberse ahorrado 1 000, de haberse seleccionado diámetros adecuados de los gasoductos, instalando las compresoras necesarias y eliminando aquellas extensiones, ampliaciones y nuevas líneas.[191]

3. Ventas internas y comercio exterior

La obligada referencia anterior a algunos aspectos relativos a las ventas internas de gas, da pie para que se aborden otros no abarcados por el análisis realizado, en el punto relativo al transporte de gas natural. El énfasis —después de una sucinta descripción de los movimientos registrados por las ventas internas entre 1970 y 1985, se pone en los ingresos obtenidos por Pemex a lo largo del periodo y en el rubro precios.

En cuanto al comercio exterior de gas natural, el objetivo es el de exponer los aspectos esenciales relativos a las exportaciones e importaciones realizadas por Pemex, asimismo —cuando la información disponible lo ha permitido—, algunos aspectos relativos a las importaciones realizadas por particulares durante el periodo analizado. Esta presentación de los hechos es complementada con un estudio que aborda, en detalle, el proceso de negociaciones llevadas a cabo entre México y Estados Unidos, para la venta y compra de gas natural respectivamente.[192]

Ventas internas entre 1970 y 1985

Las ventas internas realizadas por Pemex han sido responsabilidad de la Subdirección Comercial y más precisamente de la Gerencia de Ventas en sus diversas modalidades organizativas. La función de ésta ha sido la de otorgar las autorizaciones de venta —y entrega— y realizar el co-

[191] En lugar del gasoducto de 48-42 plg (Cactus-Ramones), se pudo haber construido —tal como SPP y algunos ingenieros de Pemex proponían—, un tramo de 48 plg entre Cactus y Orizaba (previendo que se tenía ya comprometida la compra de parte de dicha tubería), continuando con un tramo de 36 plg, hacia el altiplano, para llegar luego a Salamanca, prosiguiendo con una de 30 hasta Monterrey. Esta opción habría permitido ahorrar adicionalmente el costo de la línea de 48 plg, el gasoducto de 30, Cosoleacaque-Venta de Carpio de 540 km de longitud y otros más. Asimismo, no era necesario construir gasoductos de tan elevado diámetro como Venta de Carpio-Guadalajara (36 plg) y Salamanca-Las Truchas (24). Tampoco eran necesarios los gasoductos de 36 plg, Reynosa-Monterrey (30 plg y 169 km), y Monterrey-Chihuahua (24 plg y 700 km). Finalmente, fueron innecesarios y caros la construcción de gasoductos a diversas poblaciones, ya mencionados en páginas anteriores, y a todas luces tampoco sería indispensable el gasoducto de 48 plg que se está construyendo entre Zempoala y Santa Ana de 378 km de longitud.

[192] Véase el capítulo IV.

bro. Los aspectos físicos de la conducción y medición del fluido, han estado a cargo de la Subdirección Primaria.

Entre 1970 y 1973, las ventas internas experimentaron un continuo ascenso (cuadro III.35). Después de una disminución de aproximadamente 2.2% en 1974 y un leve aumento en 1975, descienden nuevamente en 1976, para a partir del año siguiente iniciar un sostenido crecimiento hasta 1982. A partir de 1983, los volúmenes de gas vendidos internamente disminuyeron en forma sostenida aun hasta fines de 1986. Durante 1985, los volúmenes de gas destinados a ventas internas fueron incluso menores a los vendidos en 1979.

Cuadro III.36
Ventas internas de gas natural, total y por sectores,[a] 1970-1985
(millones de pies cúbicos/año-MMPCA)

	1970	*1971*	*1972*	*1973*	*1974*	*1975*	*1976*
Ventas internas	281 735	301 193	309 209	338 132	330 539	352 469	333 364
Industrial	212 146	221 979	230 261	246 836	252 201	243 556	240 689
Eléctrico	56 629	65 359	63 388	73 713	60 489	91 642	73 673
Residencial	12 960	13 855	15 460	17 583	17 849	17 271	19 002

1977	*1978*	*1979*	*1980*	*1981*	*1982*	*1983*	*1984*	*1985*
338 732	398 978	491 324	502 730	519 540	522 188	510 534	481 047	473 384
246 936	282 476	338 031	364 479	388 616	395 819	385 453	350 683	338 943
71 472	94 159	135 114	118 142	111 182	103 915	97 001	98 134	101 778
20 324	26 333	18 179	20 109	19 742	22 454	28 080	32 230	32 663

[a] Estimados.

Fuentes: Pemex, *Anuario estadístico, 1985, 1986*. Las ventas internas por sectores fueron estimadas a partir del cuadro II.4.

Los movimientos cíclicos experimentados por las ventas internas, que fueron el resultado de las consecuentes variaciones en la producción, quema de gas y consumo interno de Pemex, haría que las ventas, esta vez por sectores, evolucionaran en forma errática, debido a la mayor o menor capacidad de ajuste de cada uno de éstos, frente a la cambiante situación de la economía.

En términos globales, y para todo el periodo 1970-1985, el sector industrial vio disminuida su participación en el total de ventas internas de gas natural. En 1970 ésta era de 75% y en 1985 de 72. Las participaciones relativas a los sectores eléctrico y residencial, corrieron suerte distinta al pasar de 20 a 21 y de 5 a 7% respectivamente.[193] Aunque las variaciones de las participaciones relativas a lo largo de todo el periodo 1970-1985 no fueron significativas, cabe señalar que en el caso del sector industrial y desde 1982, se perfila una clara tendencia regresiva,[194] debido al deterioro de la situación económica general que ha provocado el cierre de industrias, particularmente pequeñas y medianas.

De un somero análisis realizado a partir de la relación entre volúmenes vendidos internamente e ingresos devengados (cuadro III.37), y la participación de estos últimos en el total de ingresos obtenidos por Pemex, por concepto de ventas, también totales (cuadro III.38), es posible sacar dos conclusiones preliminares: la primera, que hasta 1982 los incrementos en los ingresos obtenidos fueron resultado del aumento de los volúmenes vendidos, más que de los exiguos incrementos de precios; y la segunda, que a lo largo del periodo, 1970-1985, la participación relativa de los ingresos, por venta de gas natural en el total, percibidos por Pemex por venta de productos, aumentó en 2.3 veces al pasar de 6.3%, en 1970, a 14.4 en 1985.

Estas conclusiones preliminares dan cuenta, implícitamente, de algunos aspectos que influyeron en la evolución de los ingresos obtenidos por ventas. Un análisis más riguroso exige abordar la cuestión de los precios, a los cuales ha sido vendido el fluido internamente y algunos aspectos de política, relativos a dicho factor.

El rubro precios[195]

En términos generales, es posible afirmar que a lo largo del tiempo, Pemex ha estado constreñido a dos políticas de precios bien definidas: la primera, que va desde los inicios de Pemex hasta 1982, caracterizada por precios bajos y subsidios, y la segunda, iniciada en 1982, caracterizada por el intento de eliminar los subsidios y fijar los precios de acuerdo con las situaciones económica y financiera del país en general, y de Pemex en particular, lo que en otras palabras significa la determinación

[193] Véase el cuadro 48 en el Anexo estadístico.

[194] Según informes internos de Pemex que abarcan desde 1983 hasta 1985, las ramas que aumentaron su participación en las ventas de gas fueron: químicos y productos del petróleo; papel, imprenta y editoriales, y productos metálicos para maquinaria y equipo. El uso del gas por industrias metálicas básicas, disminuyó y el resto de las ramas prácticamente se mantuvo. Véase el cuadro 49 en el Anexo estadístico.

[195] El rubro precios, de los hidrocarburos, es tratado en profundidad por Guzmán, Óscar M., *Las finanzas de Petróleos Mexicanos*, estudio en preparación, Programa de Energéticos, El Colegio de México y del mismo autor: "Las políticas de precios y fiscales en el sector de hidrocarburos" en *Perspectivas y limitaciones de una futura política energética de México*, Wionczek, Miguel S., Óscar M. Guzmán y Roberto Gutiérrez (coords.), Programa de Energéticos, El Colegio de México, 1987.

Cuadro III.37
Volumen y valor de ventas internas de gas natural, 1970-1985

Año	*MMPC*	*MMm³*	*Millones de pesos*
1970	281 735	7 978	843
1971	301 193	8 529	897
1972	309 209	8 756	944
1973	338 132	9 575	1 079
1974	330 539	9 360	1 555
1975	352 469	9 981	1 703
1976	333 364	9 440	1 814
1977	338 732	9 592	2 725
1978	398 978	11 298	3 082
1979	491 324	13 913	4 165
1980	502 730	14 236	5 232
1981	519 540	14 712	6 721
1982	522 188	14 787	12 948
1983	510 534	14 457	49 612
1984	481 047	13 622	126 793
1985	473 384	13 405	226 285

Fuente: Pemex, *Anuario estadístico, 1985.*

de precios basados en criterios realistas conduciendo al aumento progresivo de los mismos.

La política de precios de la empresa sólo puede ser analizada como una actividad dependiente de los lineamientos generales establecidos por el gobierno federal, dado el importante papel de Pemex en la vida económica del país y su carácter de empresa del Estado.[196] Formalmente la fijación de los precios de los hidrocarburos ha sido responsabilidad directa del Poder Ejecutivo, concretamente del presidente de la República y de la Secretaría de Industria y Comercio hasta 1982, remplazada posteriormente por la Secretaría de Hacienda y Crédito Público. Sin embargo, no han sido ajenas a este asunto las influencias de funcionarios de las secretarías de Hacienda; de Programación y Presupuesto (SPP); de Energía, Minas e Industria Paraestatal (SEMIP); de la presión de la propia empresa o de sus funcionarios, e incluso de las presiones de industriales, transportistas y grupos de otros sectores.[197]

En 1972, y después de casi 14 años de manutención del precio, se otorgó un aumento de 0.02 pesos por metro cúbico ($\$/m^3$) al gas natural

[196] Gastélum, Raúl, "La política de comercialización interna de Pemex, 1970-1980", inédito, Programa de Energéticos, El Colegio de México, marzo de 1982.
[197] Guzmán, Óscar M., "Las políticas...", *op. cit.*, p. 335.

Cuadro III.38

Relación de ingresos por ventas de gas natural, a total de ventas efectuadas por Pemex, 1970-1985

(millones de pesos corrientes)

Año	*(1)* *Total de ventas*[a]	*(2)* *Ventas de gas natural*	*(2/1)* %
1970	12 926	843	6.5
1971	14 201	897	6.3
1972	15 701	944	6.0
1973	18 092	1 079	6.0
1974	30 734	1 555	5.1
1975	33 156	1 703	5.1
1976	38 480	1 814	4.7
1977	52 820	2 725	5.2
1978	59 108	3 082	5.2
1979	74 643	4 165	5.6
1980	95 405	5 232	5.5
1981	113 412	6 721	5.9
1982	182 146	12 948	7.1
1983	551 320	49 612	9.0
1984	994 645	126 793	12.7
1985	1 570 212	226 285	14.4

[a] Incluye gas, petrolíferos, productos petroquímicos y varios.

Fuente: Pemex, *Anuario estadistico, 1985.*

(cuadro III.39). Dos años más tarde, en 1974, y debido a la crítica situación financiera por la cual atravesaba Pemex, agudizada por el alza de los precios del crudo en el mercado internacional, la Comisión Nacional Tripartita[198] decidió otorgar aumento de precios para algunos productos petrolíferos, incluyendo el del gas natural. Su precio pasó de 0.14 a 0.18 $\$/m^3$. En efecto, en octubre de 1974, esta modificación en los precios del gas natural significó, por vez primera, incrementos diferenciados según los sectores consumidor, industrial y doméstico. De esta forma los nuevos precios establecidos fueron: 0.18 $\$/m^3$, para el gas de uso industrial y 0.70 $\$/m^3$ para el de uso doméstico. Desde aquel año y hasta 1978 inclusive, se otorgaron leves incrementos en los precios, tanto del gas de uso industrial como del doméstico. En 1979, con el fin de equilibrar la disparidad existente entre los precios internos y los preva-

[198] La Comisión Nacional Tripartita, instituida a principios del régimen del presidente Luis Echeverría, estaba conformada por los sectores, empresarial, obrero y gubernamental.

Cuadro III.39
Precios de venta al público de gas natural, 1970-1985
(pesos por metro cúbico-$/m³)

Año	*Industrial*	*Doméstico*	*Ingreso promedio Pemex*[a]
1970	0.12	0.12	0.106
1971	0.12	0.12	0.105
1972	0.14	0.14	0.108
1973	0.14	0.14	0.113
1974	0.18	0.70	0.166
1975	0.18	0.70	0.171
1976	0.18	0.70	0.192
1977	0.26	0.77	0.284
1978	0.26	0.77	0.273
1979	0.31	1.21	0.300
1980	0.42	1.21	0.368
1981	0.56	1.21	0.457
1982	1.70	1.21	0.876
1983	6.19	6.19	3.432
1984	13.39	13.39	9.308
1985	30.05	30.05	16.881

[a] Véase el cuadro III.37.
Fuente: Pemex, *Anuario estadístico, 1985.*

lecientes en el mercado internacional, se determinó aplicar nuevos valores a gran parte de los productos petrolíferos. Para tal efecto, la Secretaría de Industria y Comercio autorizó, entre otros, la modificación de los precios del gas natural y del combustóleo para uso industrial,[199] ejercicio que se realizó bimestralmente durante el transcurso del año a una tasa de 1.5% mensual.[200] Tal política sería mantenida en 1980 y en 1981 aunque en este último año el incremento bimestral sería de 2.5 mensual en lugar de 1.5%, aplicado anteriormente. El precio del gas natural para uso doméstico, por su parte, se mantendría invariable en 1.21 $\$/m^3$ entre 1979 y principios de 1982.

A partir de este último año y debido a un largo periodo de deterioro de los precios reales de los hidrocarburos, en general, ocurrieron bruscos ajustes en éstos, y en particular en los del gas natural. Así, en el mes de mayo de 1982, en el marco de una grave crisis económica y dificultades financieras del sector público, la Secretaría de Industria y Comer-

[199] En las páginas que siguen se hace referencia al precio del combustóleo (pesado) y sus sucesivos incrementos.
[200] Pemex, *Memoria de labores, 1979*, pp. 18 y 19.

cio anunció nuevos aumentos generalizados de precios a partir del 1° de junio.[201] El precio del gas natural de uso industrial se establecía en 0.89 $\$/m^3$, sujeto además a un incremento mensual de 5% durante 12 meses. Similar disposición se tomó en relación con el combustóleo. A fines de 1982, el precio de venta del gas natural de uso industrial, quedó en 1.70 y el de uso doméstico en 1.21 $\$/m^3$. A partir del mes de abril del siguiente año los precios de los llamados combustibles industriales —gas natural y combustóleo—, aumentarían mensualmente 0.60 $\$/m^3$ y 0.30 pesos por litro ($/lt), en lugar del 5% mensual previamente fijado. A fines de 1983, el precio del gas natural —esta vez único—, se estableció en 6.19 y el del combustóleo en 4 041 $\$/m^3$. A fines de 1984, el precio del gas natural se establecería en 13.39 y el del combustóleo en 8 353.6 $\$/m^3$. Como resultado de los aumentos mensuales fijados en 1983, a fines de 1985 el precio del gas natural llegó a 30.05 $\$/m^3$ y el del combustóleo a 15 557.00.

Ya en algunas conclusiones preliminares expuestas en páginas anteriores, se señalaba implícitamente que 1982 constituía un parteaguas decisivo en los precios de los productos de Pemex.[202] Los efectos de las nuevas políticas instrumentadas, a partir de aquel año, no tardarían en manifestarse, tanto en los volúmenes de ventas internas, como en la variación de los ingresos obtenidos por la empresa petrolera en años posteriores.

Los volúmenes de gas vendidos internamente, pasaron de 522 188 MMPCD en 1983, a 473 384 en 1985, lo que da cuenta de un descenso a un ritmo aproximado de 3% promedio anual. Por el contrario, los ingresos por concepto de venta de gas natural, se incrementarían a un ritmo de crecimiento superior a 170% entre los años 1982 y 1985, obteniéndose a finales de este último año 226 285 millones de pesos contra 12 948 millones de pesos obtenidos en 1982. Sin embargo, cabe señalar que los aumentos de precios del gas fueron menores que el ritmo de inflación en el país.

Hasta 1982, la política de precios había sido más el resultado de las dificultades financieras del gobierno y de Pemex, que de estudios basados en criterios técnicos y económicos por producto. Aquello dio lugar a que las políticas de precios para los diferentes productos más que complejas en sí, resultasen incongruentes, no sólo entre ellas mismas, sino también con otras de carácter general. En el caso del gas natural, cuya demanda potencial ha sido siempre mayor a la oferta, resulta incom-

[201] *El Día*, 27 de mayo de 1982.

[202] El último aumento en los precios, concedido en 1982, tuvo lugar el 2 de diciembre al asumir la presidencia Miguel de la Madrid. En el sexto de los diez puntos del programa de reordenación económica (conocido como PIRE) anunciado en esta fecha, se proponía la reducción sistemática de los subsidios gubernamentales a los consumidores y el aumento a los precios y tarifas de los bienes y servicios que produce el sector público.

prensible que hasta 1982, su precio por unidad calorífica fuera casi igual al del combustóleo (cuadro III.40), en circunstancias en las que el gas natural no sólo posee grandes ventajas para el usuario y la sociedad, esa comparación con el combustóleo, sino que además este último requiere de instalaciones más costosas y complejas para su utilización. Las incongruencias resultantes de un proceso de formación de política de precios *sui generis* de los productos, se reflejó también en los efectos que tuvo la fijación de los precios diferenciados para el gas de usos industrial y residencial. Desde poco antes de 1975 y hasta 1982, el precio de venta del gas para el sector industrial llegó a ser casi 4 veces menor que el precio establecido para el gas de uso doméstico,[203] lo que contrastaba con el precio aplicado al diáfano (queroseno) vendido a los industriales, superior al vendido al sector residencial.[204]

Finalmente, cabe señalar que, el hecho de que el año 1982 se haya convertido en parteaguas en la política de precios de los hidrocarburos, no viene dado solamente por el mero encarecimiento de los productos,

Cuadro III.40
Precios del gas natural y del combustóleo, 1970-1985
($/10 000 kcal)[a]

<table>
<tr><th rowspan="2">Año</th><th colspan="2">Gas natural</th><th rowspan="2">Combustóleo[b]</th></tr>
<tr><th>Industrial</th><th>Doméstico</th></tr>
<tr><td>1970</td><td>0.1</td><td>0.1</td><td>0.1</td></tr>
<tr><td>1974</td><td>0.2</td><td>0.8</td><td>0.2</td></tr>
<tr><td>1976</td><td>0.2</td><td>0.8</td><td>0.2</td></tr>
<tr><td>1978</td><td>0.3</td><td>0.9</td><td>0.3</td></tr>
<tr><td>1980</td><td>0.5</td><td>1.4</td><td>0.4</td></tr>
<tr><td>1981</td><td>0.7</td><td>1.4</td><td>0.5</td></tr>
<tr><td>1982</td><td>2.0</td><td>1.4</td><td>1.1</td></tr>
<tr><td>1983</td><td colspan="2">7.3</td><td>4.0</td></tr>
<tr><td>1984</td><td colspan="2">15.8</td><td>8.4</td></tr>
<tr><td>1985</td><td colspan="2">35.5</td><td>15.5</td></tr>
</table>

[a] Calculados bajo las siguientes bases: 8 460 kcal/m^3 de gas natural; 10 × 10^6 kcal m^3 de combustóleo.
[b] Se consideró el precio de venta al público del combustóleo pesado.
Fuente: Pemex, *Anuario estadístico, 1985*.

[203] Al parecer, tal situación se explica por las presiones ejercidas por parte de los industriales.

[204] Esto dio pie para que el expendedor, obligado a vender a un precio superior a los mayoristas, hiciera supuestas ventas al menudeo, repartiéndose las ganancias con aquéllos. Ante la imposibilidad de poder controlar las ventas, en 1977, la Secofin igualó los precios. Véase Guzmán, Óscar, "La política de precios...", *op. cit.*, p. 336.

y por esta vía, responder a las necesidades crecientes de mayores ingresos de Pemex, sino y muy especialmente, porque a través de las nuevas políticas se intentó inducir al ahorro de energía y avanzar en el proceso de diversificación de sus fuentes.[205] En este sentido, los sucesivos incrementos de precios de los energéticos, desde los inicios de la administración de Miguel de la Madrid, no sólo muestran una cierta continuidad y congruencia,[206] tanto en la política de precios por producto, como con respecto a los lineamientos financieros y económicos generales de la empresa, sino que además, por primera vez en la historia de Pemex, toman en cuenta los costos y tratan de eliminar los subsidios al consumidor.

El comercio exterior

Las ventas de gas natural al exterior, como las importaciones, tanto de Pemex como de particulares, han tenido respectivamente un destino y fuente de suministro único: Estados Unidos. En 1970, las exportaciones de Pemex alcanzaron un volumen de 106.4 MMPCD (cuadro III.41), significando para Pemex la obtención de casi 7 millones de dólares (cuadro III.42), 17.3% de los ingresos totales obtenidos por Pemex por concepto de exportaciones en ese año.[207]

Los volúmenes de gas exportados en 1970 contrastaban con los 151.3 MMPCD exportados a mediados de los sesenta,[208] y daban cuenta de una disminución, resultado de la pérdida de presión en los yacimientos y consecuente disminución en la producción, con crecimiento de la demanda interna. La paulatina disminución de los volúmenes exportados culminaría en 1974 con la suspensión. Cabe hacer notar que las importaciones de gas natural, efectuadas por particulares en la zona fronteriza cercana a Laredo, pasaron de 27 MMPCD en 1965, a casi 40 en 1970.

Como se ha señalado en un estudio que ha analizado el comercio exterior de Pemex, aún a inicios de los setenta se advierte una suerte de continuidad, mantenida desde la nacionalización en lo referente a exportaciones;[209] continuidad que se debía a la puesta en práctica de lo que

[205] Además del ahorro de energía que según el Programa de Energéticos se pretendía estimular, implícitamente se intentaría evitar el tener que instalar cada dos años, una refinería de más de 150 MBPD de capacidad y ampliar constantemente los servicios de comercialización y transporte.

[206] La excepción parece confirmar la regla. El incremento regular de los precios del gas natural, no fue acompañado de una elevación proporcional de los precios del gas licuado. El resultado fue que en 1984, el precio por unidad calorífica del gas natural fuera de alrededor de 50% superior a la del gas licuado. Tal inconstancia fue corregida a fines de 1986.

[207] Véase el cuadro 50 en el Anexo estadístico.

[208] Véase el cuadro 8 en el Anexo estadístico.

[209] Snoeck, Michele, *El comercio exterior de hidrocarburos y derivados en México, 1970-1985*, Programa de Energéticos, El Colegio de México, México, 1987.

Cuadro III.41
Volúmenes de las exportaciones de gas natural efectuadas por Pemex e importaciones efectuadas por Pemex y particulares, 1970-1985

(millones de pies cúbicos diarios-MMPCD)

Año	*Exportaciones*[a]	*Importaciones*[b]
1970	106.4	48.9
1971	55.9	53.1
1972	27.0	43.2
1973	5.6	42.2
1974	1.2	34.3
1975	—	15.8
1976	—	17.3
1977	6.5	9.7
1978	—	8.6
1979	—	10.9
1980	280.9	5.0[a]
1981	288.2	5.0[a]
1982[d]	273.1	5.3
1983	217.1	4.7
1984	148.0	5.1
1985	—	5.7

[a] Los volúmenes fueron estimados (en MMPCD) a partir de cifras de Pemex en miles de metros cúbicos (Mm^3). Los volúmenes calculados difieren de los consignados en el cuadro II.4, debido a que la base utilizada para su medición es de 1.033 kg/cm^2 y 15.6°C.

[b] Hasta 1979, los volúmenes de gas importados, fueron efectuados por particulares. Pemex, *Anuario estadístico, 1979.*

[c] Estimados.

[d] A partir de 1982, los volúmenes de gas natural importados, provienen de Pemex, *Anuario estadístico, 1985.*

Fuente: Pemex, *Anuarios estadísticos, 1979, 1981 y 1985.*

se ha dado en llamar una concepción conservacionista de la riqueza petrolera del país y cuyo resultado significaba la exportación sólo de excedentes temporales de producción. Tal política sería adoptada por la administración de Luis Echeverría, bajo la cual la intensificación de las actividades de exploración y de explotación tendría como único propósito recuperar la autosuficiencia perdida, sin considerar la posibilidad de transformar al país en un exportador petrolero importante.[210] El estricto apego a dicha política tendió a ser matizado a medida que la situación financiera de Pemex se tornó más crítica, agudizada en 1973 por el aumento de los precios del crudo en el mercado internacional: el déficit en la balanza comercial de Pemex había pasado de 49 millones de pesos,

[210] *Ibid.*, p. 38.

Cuadro III.42
Valor de las exportaciones e importaciones de Pemex de gas natural, 1970-1985
(en miles de dólares)

Año	*Exportaciones*	*Importaciones*
1970[a]	6 976.0	n.d.
1971[a]	3 680.0	n.d.
1972[a]	1 520.0	n.d.
1973[a]	320.0	n.d.
1974[a]	72.0	n.d.
1975	—	n.d.
1976	—	n.d.
1977	5 374.0	n.d.
1978	—	n.d.
1979	—	n.d.
1980	447 828.7	n.d.
1981	526 236.5	n.d.
1982	475 493.2	n.d.
1983	353 914.0	8 763.1
1984	231 455.0	7 820.6
1985	—	8 843.4

[a] Calculados al tipo de cambio 12.50 pesos.
n.d. No disponible.
Fuente: Pemex, *Memoria de labores, 1970-1985.*

en 1970, a más de 3 000 millones en 1973 y 1974. En 1973, el saldo negativo de la balanza petrolera equivaldría a 21.4% del déficit en cuenta corriente de la balanza de pagos del país.[211] Sin embargo, en 1974 la situación tendería a cambiar sustancialmente merced al descubrimiento de vastos yacimientos de hidrocarburos, en particular en Chiapas y Tabasco y que se constituirían en las áreas más prolíficas de toda la historia de la industria petrolera.[212]

La factibilidad de aumentar la producción de hidrocarburos, dio pie a intensos debates internos en torno a lo adecuado y, conveniente o no, de exportar excedentes más que marginales.[213] Pese a la fuerte oposición de los sectores tildados de "conservacionistas", factores de orden tanto interno como externo hicieron que la política conservacionista de exportación se manejara con cierta flexibilidad y se reanudaran las exportaciones de crudo y otros productos petrolíferos, mas no de gas natural.

[211] *Ibid.*, p. 39, véase también el cuadro 51 en el Anexo estadístico.
[212] Sordo, Ana María, "La exploración...", *op. cit.*, p. 51.
[213] Véase Morales, Isidro, Cecilia Escalante y Rosío Vargas, *Formación de política petrolera mexicana, 1970-1985*, Programa de Energéticos, El Colegio de México, 1988.

El advenimiento de un nuevo gobierno a fines de 1976, tendería a cambiar radicalmente las políticas adoptadas por Pemex en materia de comercio exterior. La nueva política seguida tendía a considerar como aspecto central la exportación de importantes volúmenes de hidrocarburos con el fin de superar no sólo la restricción financiera que pesaba fuertemente en el desarrollo y crecimiento de la empresa, sino también en el crecimiento económico del país.[214] En ese contexto, la estrategia, inicialmente planteada por Pemex contemplaba la canalización de recursos para la explotación masiva de los yacimientos y una vez alcanzadas las metas de exportación, utilizar las divisas obtenidas para subsanar las deformaciones del aparato productivo y satisfacer otras necesidades nacionales.[215] Para tal efecto, el principal objetivo de la política petrolera, auspiciada por Pemex, establecía como meta de exportación 1.1 MMBPCE de crudo y productos refinados para 1982, la cual, según el Plan Sexenal de Pemex 1977-1982,[216] se fincaba en el aumento sustancial previsto en la producción de crudo al hacer pasar ésta de 0.9 MMBD, en 1976, a 2.25, en 1982.

Si bien dicho Plan Sexenal no hacía mención de posibles exportaciones de gas natural a mediados de 1977, Pemex anunció que en vista del notable incremento de la producción de gas, en las zonas del sur del país se dispondría en los años venideros de sus excedentes considerables que permitirían que 2 000 MMPCD fueran exportados.

La exportación de tales volúmenes de gas natural era considerada por Pemex y su entonces director general Jorge Díaz Serrano, como la única opción viable y conveniente, dado el reducido precio al cual se comercializaba internamente, el que impedía cubrir los elevados costos e inversiones requeridos para su aprovechamiento y distribución. Tal argumento —de existir los considerables excedentes aludidos, así como la restricción al consumo de gas a un ritmo de crecimiento mucho menor al histórico—, no dejaba de ser tentador en la medida en que su exportación sería hecha a precios muy superiores al interno, haciendo posible la amortización, en un plazo relativamente breve, de las inversiones requeridas para tal efecto y la obtención de ingentes beneficios.[217] El destino de las posibles exportaciones masivas de gas natural, sería el también "natural" mercado estadunidense. Con tal motivo, a principios de 1977, se iniciarían las negociaciones pertinentes con un consorcio norteamericano interesado en la compra de dicho producto.[218] A partir de

[214] López Portillo, José, "Primer informe presidencial" en *Comercio Exterior*, vol. 27, núm. 9, México, Banco Nacional de Comercio Exterior, septiembre de 1977.

[215] Snoeck, Michele, *El comercio...*, *op. cit.*, p. 53.

[216] Véase para mayor detalle el punto 2 de este mismo capítulo.

[217] Véanse Díaz Serrano, Jorge, *Informe del director general*, México, Pemex, 1977; y Pemex *Generalidades...*, *op. cit.*, p. 12.

[218] En el capítulo IV, se analiza el asunto de las negociaciones con Estados Unidos

1977, la evolución de las exportaciones de gas natural quedaría sujeta no sólo al resultado de las negociaciones entre México y Estados Unidos, sino también a la confirmación o no, de las reservas de gas probadas y posteriormente, la disponibilidad o no, de los volúmenes de gas ofrecidos. En efecto, salvo los 6.5 MMPCD vendidos en 1977, en condiciones por demás ventajosas, las exportaciones de gas natural sólo fueron reiniciadas a partir de 1980 (cuadro III.41), una vez concluidas las negociaciones entre México y Estados Unidos. El relativo largo proceso de negociaciones por la venta de gas y las dificultades en él surgidas, implicó que no se realizaran exportaciones durante los dos años que duraron.

No obstante, en 1980, los volúmenes exportados de gas natural —un poco más de 280 MMPCD— fueron sensiblemente inferiores a los 2 000 contemplados inicialmente. El desarrollo de las negociaciones y el posterior acuerdo, tuvo poco o nada que ver con la magnitud de la diferencia entre los volúmenes mencionados. Los disminuidos 300 MMPCD comprometidos en el acuerdo logrado entre México y el Border Gas, Inc., se debió, primero, a que nunca existió tanto crudo ni gas como el previsto a pesar de la alta relación gas/aceite en la Zona Sureste; en segundo lugar, a los altos volúmenes de gas quemado y tercero y último, al intenso ritmo al cual creció el consumo interno de gas natural.[219] Bajo las características y demás aspectos convenidos en el acuerdo, las exportaciones de gas natural se efectuarían sólo hasta fines de 1984. En noviembre de aquel año,[220] éstas serían suspendidas *sine-die*.

La parte norteamericana, por intermedio del Border Gas, Inc., arguyó —previa presión ejercida sobre Pemex para una disminución en los precios— que las nuevas condiciones prevalecientes en los mercados[221] de energía de Estados Unidos y México, desaconsejaban continuar importando gas mexicano. Pemex, por su parte, señalaba que ante

---

y del gasoducto de 48 plg, Cactus-Reynosa, cuya construcción tenía como objetivo conducir los 2 000 MMPCD comprometidos.

[219] En lo que respecta a la relación gas/aceite, véase el cuadro 38 en el Anexo. Los altos volúmenes de gas quemado superaron con creces el 2% planeado, véanse los cuadros III.10; III.11, y III.12; y el consumo interno entre los años 1977 a 1982, creció a una tasa de 13.6% promedio anual, incluido el consumo de Pemex.

[220] Al parecer, la decisión de interrumpir las exportaciones a partir del 1 de noviembre de 1984, ya había sido tomada en septiembre del mismo año. Véanse *El Día*, 25 de octubre, 1984 y *Excélsior*, 25 de octubre de 1984. No está de más señalar que a principios de año, Pemex anunciaba públicamente que en breve podría incrementar a 600 MMPCD el gas exportado. *El Día*, 5 de enero, 1984, México, D.F.

[221] Los factores esenciales que cambiaron las condiciones prevalecientes en el mercado (del gas) estadunidense, fueron: i) la aparición, a mediados de 1984, de un excedente de gas —bubble—, en dicho mercado, estimado en 2 600 MMPCD; ii) el excedente en la oferta de gas canadiense, susceptible de ser exportado en alrededor de 17 000 MMPCD; iii) la aceptación, por parte de Canadá, de revisar a la baja sus precios de exportación de gas a Estados Unidos, y iv) el impacto, en la oferta, de la desregulación del mercado estadunidense de gas que entraría en vigor en enero de 1985.

la disyuntiva de continuar exportando gas natural a Estados Unidos, a un precio sensiblemente inferior al vigente a mediados de 1984, se había optado por desviar esos volúmenes al consumo interno e interrumpir las exportaciones.[222]

La suspensión de las exportaciones de gas natural, en 1984, ponía fin a su vez, a la obtención de ingresos relativamente importantes, los que si bien aún en ese año representaban sólo 2.2% del total de divisas obtenidas por Pemex, y eran poco significativos respecto a los ingresos obtenidos por la venta de crudo y menores a los recibidos por la venta de petrolíferos, sin embargo, eran casi dos veces mayores que los obtenidos por la venta de petroquímicos (cuadro III.43).

Cuadro III.43
Ingresos por venta de gas natural y participación en el total de ingresos por ventas de Pemex al exterior, 1980-1984

Año	*Volúmenes (MMPCD)*	*Ingresos por venta (millones de dólares)*	*Participación en el total de ingresos por venta al exterior (%)*
1980	281.6	447.8	4.3
1981	288.2	526.2	3.8
1982	273.1	475.5	2.8
1983	217.1	355.6	1.4
1984	148.4	230.5	2.2

Fuente: Pemex, *Memoria de labores, 1980-1984.*

Al comparar los ingresos obtenidos por exportaciones y por ventas internas, medidos en pesos corrientes y de acuerdo con el tipo de cambio para el año en cuestión (cuadro III.44), se deduce que después del acuerdo obtenido en las negociaciones, es decir, desde el inicio de las exportaciones en 1980, hasta fines de 1982, los ingresos obtenidos por este concepto fueron sensiblemente mayores a los obtenidos por ventas internas de gas. Esto se debió, fundamentalmente, al mayor precio al cual era vendido el gas (cuadro III.45), cuya diferencia con respecto al precio interno, compensaba por mucho la diferencia en los volúmenes vendidos.

Sin embargo, a partir de 1983, tal tendencia es revertida debido a la disminución de los precios de exportación y de los volúmenes vendidos, como asimismo debido al aumento del precio al cual se vendió internamente el gas natural. En 1984, los ingresos por ventas internas fueron casi tres veces superiores a los obtenidos por exportaciones.

[222] Véanse *Excélsior* y *El Día*, ambos del 25 de octubre de 1984.

Cuadro III.44
Volúmenes e ingresos por ventas internas y exportaciones de gas natural, 1970-1984

Año	*Ventas internas* Volúmenes (MMPCD)	Ingresos (MM$)	*Exportaciones* Volúmenes (MMPCD)	Ingresos (MM$)
1970	769.6	843	119.0	87.2
1971	825.2	897	39.6	45.9
1972	847.3	944	23.5	19.4
1973	953.3	1 079	4.6	4.0
1974	905.6	1 555	0.7	0.9
1975	932.6	1 703	—	—
1976	886.4	1 814	—	—
1977	895.3	2 725	6.9	123.6
1978	1 058.5	3 082	—	—
1979	1 272.4	4 165	—	—
1980	1 379.2	5 232.2	294.4	10 300[a]
1981	1 372.9	6 683.0	302.5	12 899[b]
1982	1 370.1	12 948.0	273.1	27 314[c]
1983	1 296.9	46 611.9	217.5	42 736[d]
1984	1 215.6	116 358.0	147.8	44 408[e]

[a] Calculado al tipo de cambio promedio de 23 pesos por dólar, según el Banco de México. *Indicadores económicos*, México, 1984.
[b] Al tipo de cambio promedio de 24.514 pesos por dólar, según el Banco de México.
[c] Al tipo de cambio promedio de 57.4431 pesos por dólar, según Pemex, *Anuario estadístico, 1985*.
[d] Al tipo de cambio promedio de 120.18167 pesos por dólar, según Pemex, *Anuario estadístico, 1985*.
[e] Al tipo de cambio promedio de 192.66 pesos por dólar, según Pemex, *Anuario estadístico, 1985*.
Fuente: Pemex. *Anuario estadístico, 1985*.

Cuadro III.45
Evolución de los precios de exportación, 1977-1983
(dólares por millar de pies cúbicos-(US$/MPC)[a]

1977	*1980* I	II	III	*1981* I	II	III	*1982* I	II	III	*1983* I	II	III
2.250	3.625	4.47	4.47	4.60	4.94	4.94	4.94	4.94	4.94	4.94[a]	n.d.	4.40

[a] Precio vigente hasta el 1 de mayo de 1983 (MPC: 10^6 BTU).
n.d. No disponible.
Fuentes: Pemex, *Contrato de venta de gas mexicano Estados Unidos-México*, octubre de 1983 y Pemex, *Memoria de labores, 1977*.

IV. ESTUDIO DE CASOS

1. Venta de gas mexicano a Estados Unidos: las negociaciones y el vicio de origen

A partir de mediados de los setenta, el particular escenario de las sensibles, y por momentos conflictivas, relaciones bilaterales entre México y Estados Unidos, tiende a ser dominado por las cuestiones energéticas. Por un lado, México se descubre poseedor de vastos recursos en hidrocarburos y Estados Unidos, por el otro, se ve enfrentado a una apremiante necesidad de suministros de hidrocarburos provenientes de fuentes seguras y confiables. En otros términos y en lo que a México concierne, aquello significaba que el país no sólo poseía hidrocarburos suficientes para cubrir sus necesidades internas, sino que además, poseía presumiblemente, crudo y gas en cantidades tales que —mediante intensos programas de inversión, entre otros— le permitirían convertirse en un gran exportador neto de dichos hidrocarburos. En lo que respecta a Estados Unidos, la situación era a la inversa. Entre un conjunto de factores importantes, cabe destacar las mermadas reservas y declinación de la producción de hidrocarburos en Estados Unidos y los aumentos de precios del crudo decididos por la OPEP, a los cuales se sumarían más tarde las dificultades que emanarían de la revolución en Irán. Estos factores situaron a ese país ante una peligrosa escasez de crudo —teniendo presente sus altos patrones de consumo de energía en general y de hidrocarburos en particular—, ante lo cual, toda fuente de energía alternativa adquiría una gran importancia económica y particularmente, un notable significado estratégico.

Vistas así las cosas, la ocasión no podía ser más propicia para que las posibles ventas de gas mexicano a EUA, se concretaran y de este modo se convirtieran en un medio eficaz para estrechar relaciones, que podrían darse entre dos países que comparten 3 000 km de frontera común.

Sin embargo, tanto las arduas y largas negociaciones realizadas por la compra-venta de gas natural, como sus resultados, demostraron que en las relaciones bilaterales entre países, las "necesidades objetivas", como a las que se ha hecho alusión, representan condiciones necesarias, pero no suficientes para el logro de un acuerdo duradero.

El estudio de las negociaciones acerca de la venta de gas natural mexicano al vecino del norte, representa un caso de extraordinario interés por dos razones esenciales, aunque profundamente distintas por su naturaleza y contenido: la primera, como caso en sí representa una experiencia única por la multiplicidad de actores e intereses en juego, tanto en México como en Estados Unidos y sobre el cual la literatura es más que abundante de uno y otro ladós de la frontera,[223] y la segunda, porque tanto los participantes en las negociaciones, como aquellos que tomaron parte en la polémica suscitada en torno al caso y aspectos relativos al mismo, aceptaron, *de facto*,[224] la existencia de volúmenes masivos de gas exportable.[225]

La primera parte del presente análisis, intenta exponer sucintamente, los hechos y resultados de las negociaciones amén de las particulares condiciones que en uno y otro país prevalecían al plantearse éstas, y la segunda expone los antecedentes que dan cuenta de la inexistencia de estos volúmenes masivos de gas exportable, parte que complementa desde el particular ángulo de las exportaciones de gas natural el recuento de la evolución de la industria del gas natural, a partir de 1976.

[223] Además de la citada en el estudio, destacan: Grayson, George, *The Politics of Mexican Oil*, Pittsburgh University Press, Pittsburgh Pennsylvania, 1980; Vietor, Richard H.K., "The Political Economy of Natural Gas: Mexico and The United States", Harvard Business School, documento preparado para el Simposium sobre Canadá y México acerca *Comparative and Joint Politics of Energy*, UCRNA, 9 y 10 de abril, 1981; National Economic Research Associates, Inc. (NERA), *Mexico-Potential Petroleum Giant* (mimeo.), Washington, D.C., 15 de septiembre de 1978; Williams, Edward J. "Petroleum Policy and Mexican Domestic Politics: Left Opposition, Regional Dissidence, and Official Apostasy", *The Energy Journal*, vol. 1, núm. 3, julio de 1980, pp. 75-96. Del Villar, Samuel I. "El conflicto de intereses en el mercado mexicano-estadunidense de energéticos", *Foro Internacional*, vol. XIX, núm. 2, octubre-diciembre, 1978, El Colegio de México, México, pp. 310-317, y del mismo autor "México país petrolero: perfiles históricos y problemas futuros". Ponencia presentada en el ciclo de discusiones: *Universidad Nacional y los Problemas Nacionales*, 19 de marzo de 1979, México, pp. 50-56; Pellicer de Brody, Olga, "U.S. Concerns Regarding Mexico's Oil and Gas: Evolution of the Debate", *Working Papers in US-Mexican Studies*, University of California, San Diego, 1980.

[224] Puente Leyva, Jesús, "El gas natural: negociaciones México-Estados Unidos", mimeo., México, 1980. El término citado por el autor, no puede ser más exacto, agregando: "...A partir de ese vicio de origen lo que se discutió, finalmente, no fue la exportación del gas en sí, sino la conveniencia de que dicha exportación se efectuara por medio de un gasoducto a Estados Unidos o, como alternativa, se licuara para su envío a otros centros de consumo, básicamente a Europa y/o Japón". p. 7.

[225] Al respecto, tanto los documentos oficiales —Pemex fundamentalmente—, como fuentes periodísticas nacionales diversas, utilizan indistintamente los términos de "marginales", "excedentes" y en menor medida "masivos", para calificar los volúmenes exportables. La ambigüedad obedece al discurso poco claro, y a la postre contradictorio, que utilizaba el entonces director general de Pemex, ingeniero Jorge Díaz Serrano. Sin duda, el término más adecuado es el adoptado en el texto, al tomar en cuenta que los 2 000 MMPCD, ofrecidos en las negociaciones representaban en 1976 casi el total de la producción de gas (de formación), incluidos los volúmenes de gas quemado, casi la mitad de la producción estimada para 1980 (año en que se iniciarían las exportaciones) y 73% de la disponibilidad total de gas natural para aquel año.

El calificativo de sensibles, y por momentos conflictivas, relaciones bilaterales entre México y Estados Unidos, no es fruto del azar, sino el reflejo de lo acontecido en casi más de un siglo de historia de las relaciones entre ambos países, preñada de enfrentamientos, intervenciones y mutua desconfianza. La historia del petróleo mexicano y el interés que éste ha despertado en Estados Unidos, no ha sido una excepción.

El descubrimiento de ricos campos al sur de Tampico, a principios de siglo, señalados en ese entonces como los más prolíficos en la historia petrolera mundial (uno de los pozos localizados llegó a producir 250 000 barriles de petróleo al día), situarían a México, en 1921, en el segundo lugar como productor de petróleo a nivel mundial, detrás de Estados Unidos. Tanto compañías americanas, como británicas y holandesas, que encontraron y desarrollaron dichos campos, se mostraron inusualmente voraces, incluso para los de por sí ya altos niveles y ritmos de explotación en dicha época. Los campos fueron sobrexplotados y las formaciones inundadas.[226] Las relaciones entre las compañías extranjeras y el gobierno, se deteriorarían fuertemente y en 1930, la producción descendería a niveles muy bajos. La expropiación de la industria petrolera en 1938, daría pie a que México tuviera que afrontar un boicot total por parte de los países y compañías cuyos intereses habían sido heridos. La naciente industria petrolera nacional encontraría serios obstáculos para vender su petróleo en el extranjero y le serían virtualmente negados los aprovisionamientos en repuestos y tecnología.

Perfectamente entendible aparece a la luz de lo comentado, y de otros sucesos suficientemente conocidos, que las relaciones entre México y Estados Unidos se vean cargadas de nacionalismo y mutua desconfianza, lo que a su vez ha tendido a dificultar, sobremanera, las tentativas y esfuerzos desplegados por ambas partes con el fin de lograr acuerdos, cualesquiera que sean la naturaleza y objeto de éstos.

Las negociaciones por la venta de gas mexicano se llevaron a cabo entre julio de 1977 y diciembre de 1979, en momentos en que a nivel mundial los problemas energéticos tendían a agudizarse y como sucintamente se señalaba, las condiciones existentes en Estados Unidos y México en lo referente a materias energéticas hacían que la ocasión fuera propicia para plantear o intentar estas negociaciones.

En 1976, el descubrimiento de vastos y ricos yacimientos —conocidos desde antes de 1974—, haría que para el nuevo sexenio que se iniciaba, no sólo se despejaran las dudas con respecto a lo de la autosuficiencia energética, en particular en hidrocarburos, sino que además la vastedad de las mismas hacía viable la exportación de crecientes volúmenes de crudo. Los programas y planes delineados, a inicios del sexenio, no con-

[226] National Economic Research Associates, Inc. (NERA), *Mexico Potential Petroleum Giant* (mimeo.), Washington, D.C., septiembre 15, 1978.

templaban exportar gas natural y los previsibles aumentos en la producción, se señalaba, serían dedicadas al consumo interno. Breve tiempo después, tal proposición sería desahuciada por el director general de Pemex, Jorge Díaz Serrano, anunciando la intención de exportar volúmenes masivos de gas natural a partir de 1980.[227]

Los promisorios resultados obtenidos por la intensa actividad perforatoria del área Mesozoica de Chiapas y Tabasco, y el futuro desarrollo de la plataforma marina de Campeche, fueron los factores que propiciaron tales cambios en los planes originales de Pemex, y su propuesta de exportaciones masivas de gas natural. En efecto, tales resultados obtenidos en las citadas áreas no sólo daban cuenta de sustanciales incrementos en la producción de gas asociado, proveniente de aquellas áreas —merced a una supuesta altísima relación gas/aceite—, sino también daban fuerza y cierta credibilidad a los aumentos registrados en las reservas probadas de gas natural.[228] Pero aquello no era todo; la opción de exportaciones masivas era no sólo atractiva por el bajo precio al cual era vendido el gas, frente al que supuestamente habría de exportarse, sino que además, ésta era presentada por el entonces director general de Pemex, como la única opción viable para los volúmenes de gas asociado excedente, derivados del intenso ritmo otorgado a la explotación de crudo. Al cuadro esbozado que tendía a dar cuenta de la existencia de gas excedente y lo oportuno de su eventual exportación, se sumaba la deteriorada situación económica ante la cual la necesidad de divisas hacía aún más atractivas tales posibles exportaciones.[229]

El descubrimiento de nuevos y ricos yacimientos en México no podía pasar inadvertido para Estados Unidos, máxime si se tomaban en cuenta las crecientes necesidades energéticas que este país experimentaba frente al enorme faltante de su producción interna. En efecto, a mediados de los setenta, Estados Unidos acusaba un creciente déficit en su producción interna de hidrocarburos frente a su muy dinámica demanda interna. En 1976, cerca de 42% de sus necesidades en petróleo, debieron ser satisfechas con importaciones (cuadro IV.1). Las preocupaciones norteamericanas en este campo no sólo apuntaban a la disminución que acusaba la producción interna de hidrocarburos y reservas,[230] fren-

[227] Díaz Serrano, Jorge, *Línea troncal de distribución de gas natural.* El director general de Petróleos Mexicanos ante la H. Cámara de Diputados, México, D.F., 26 de octubre de 1977.

[228] Los aspectos sucintamente mencionados, fueron analizados en detalle en el capítulo III.

[229] El tema ya ha sido abundantemente documentado en el capítulo III, por eso sólo se recordarán o añadirán los factores no mencionados antes y que dan cuenta de la crisis económica que México enfrentaba aquel año, a saber: el serio déficit en la balanza de pagos, con una deuda cercana a los 20 mil millones de dólares, en 1977, y obligaciones por el servicio de la deuda que excedían los 4 mil millones de dólares.

[230] Para un estudio más detallado respecto a la evolución de la producción petrolera

Cuadro IV.1
Demanda, oferta e importaciones de crudo de Estados Unidos, 1955-1976
(millones de barriles diarios-MMBD)

Año	*Demanda*	*Producción interna de crudo*	*Producción de líquidos de gas natural*	*Importación de petróleo*
1955	8.49	6.81	.97	1.25
1960	9.81	7.04	.93	1.82
1965	11.52	7.80	1.21	2.47
1970	14.71	9.64	1.66	3.42
1973	17.30	9.21	1.74	6.26
1975	16.32	8.38	1.63	6.06
1976	17.44	8.12	1.69	7.29

Fuente: Independent Petroleum Association of America y Monthly Energy Review (tomado de Serrato, Marcela, "Las vicisitudes del plan energético de Carter", en *Foro Internacional*, vol. XVIII, núm. 4, El Colegio de México, 1978, pp. 549-576.

te al crecimiento del consumo, sino también a la peligrosa e inestable situación de dependencia de fuentes extranjeras de aprovisionamiento, que tendía a consagrarse a mediano y largo plazos.

En lo que se refiere a gas natural, a mediados de los setenta, Estados Unidos empezaría a sufrir una grave escasez de este fluido como resultado de la manutención, durante largos años, de control gubernamental sobre los precios, a niveles muy inferiores a los de otros combustibles. Estos bajos precios estimularon el consumo y desalentaron, a su vez, los esfuerzos en exploración y desarrollo de nuevos campos. Sólo a partir de 1978, con la aplicación del Natural Gas Policy Act, se detendría en parte la declinación que acusaban las reservas así como su producción. Sin embargo, aún hasta 1979 y 1980 continuaban las discusiones en torno a políticas que estimularan la producción interna de gas natural, como asimismo, a asegurar fuentes confiables de abastecimiento.

Es en este contexto que ocurren las negociaciones para la venta de gas mexicano a Estados Unidos. Las negociaciones se dieron en dos rondas. La primera de ellas, iniciada a mediados de 1977, y suspendida a

---

norteamericana y perspectivas, véanse Nehring, Richard D., *The Future of North American Oil Production. II The United States of America*. Working Draft preparado para el Departamento de Energía de Estados Unidos, septiembre de 1981, por Rand Corporation y para una visión global acerca del problema energético en Estados Unidos: Stobaugh, Robert y Daniel Yergin, "Conciliación con la crisis de energéticos", *Facetas*, vol. 12, núm. 3, 1979, Washington, D.C., pp. 3-17.

fines del mismo año, sin que el esbozo de acuerdo o carta de intención, objeto de tratos entre Pemex y el Border Gas, Inc., se transformara en, o condujesen a un acuerdo final. Sólo quince meses después, las negociaciones fueron reanudadas y tras arduas discusiones desembocaron en un acuerdo en octubre de 1979.

Primera ronda, 1977

Precedidos por diversas conversaciones y contactos bilaterales entre Pemex y ejecutivos de algunas compañías gaseras norteamericanas, fueron formalmente iniciadas las negociaciones en el mes de julio de 1977, lográndose en agosto del mismo año un esbozo de acuerdo (Memorándum de Intenciones), entre Petróleos Mexicanos y el Border Gas Inc., consorcio que agrupaba a seis compañías gaseras norteamericanas, constituido con el propósito de facilitar la compra de gas natural mexicano.[231]

Este consorcio estaba integrado por las siguientes empresas, correspondiendo a cada una de ellas las respectivas cuotas de gas para distribuir (en porcentajes y millones de pies cúbicos diarios máximos):

	Porcentaje	*MMPCD*
1. Tennessee Gas Pipeline, Co.[a]	37.5	750
2. Texas Eastern Trasnmission, Corp.	27.5	550
3. El Paso Natural Gas, Co.	15.0	300
4. Transcontinental Gas Pipeline, Corp.	10.0	200
5. Southern Natural Gas, Co.	6.7	134
6. Florida Gas Transmission, Co.[b]	3.3	66
Total	100.0	2 000

[a] Subsidiaria de Tenneco, Inc.
[b] Florida Gas suministraría 1/3 de este gas a Florida peninsular y el resto a la Southern Natural Gas, Co., a través de una interconexión en Franklinton, La.
Fuente: *Oil Daily*, 5 de agosto de 1977.

La carta de intención firmada entre Pemex y el Border Gas Inc. contemplaba la venta, por parte de México, de 2 000 MMPCD a partir de 1980 por un periodo de seis años, reservándose México el derecho a rebajar los volúmenes o parar la exportación si así lo exigieran las necesidades internas. El precio al cual se vendería, se fijó en 2.60 dólares por

[231] *Oil Daily* "Natural Gas From Mexico to Have Plenty of Buyers", Nueva York, 28 de junio 1977 y, el mismo periódico, "Tenneco, Texas Eastern Sign or Top Mexican Gas Shares", 5 de agosto de 1977.

MPC tomando como referencia —en BTU equivalente—, el del fuel-oil núm. 2, puesto en el puerto de Nueva York.

En la carta de intención se establecía además el criterio al cual estarían sujetas las futuras revisiones de precios y ligaba el precio del gas a las futuras variaciones que experimentaran los precios de los hidrocarburos en el mercado internacional. El combustible debía ser transportado desde los nuevos yacimientos del sureste hasta Reynosa a través de un gasoducto que cubriría una distancia aproximada de 1 350 km a un costo estimado de 1 000 millones de dólares.[232]

Dependiendo del curso y progreso que tuvieran las negociaciones, sólo bastaría la ratificación de dicha carta de intención y su posterior aprobación por parte del gobierno de Estados Unidos.

En noviembre de 1977, una delegación conformada por miembros del Departamento de Estado y de Energía norteamericanos vino a México para discutir algunos aspectos establecidos en el acuerdo propuesto en julio. En esta reunión Estados Unidos había aprobado el precio señalado de 2.60 dólares por MPC, sin embargo, ningún incremento debería afectar el precio fijado, hasta que los envíos no alcanzaran 800 MMPCD. Sólo a partir de ese momento el precio comenzaría a ser modificado de acuerdo con la fórmula estipulada. La delegación norteamericana regresó a Washington convencida de que la parte mexicana estaba abierta a esta idea.[233]

Representaron a México, en esta primera ronda de negociaciones, el director general de Pemex, Jorge Díaz Serrano y el secretario de Relaciones Exteriores, Santiago Roel García. Por parte de Estados Unidos figura el secretario del Departamento de Energía, James Schlesinger. Pocos días antes de que la carta de intención expirara, Díaz Serrano y Santiago Roel se reunieron en Washington con Schlesinger, quien les confirmó su desaprobación de los términos acordados en la carta de intención por Pemex y el Border Gas, Inc. Los representantes mexicanos por su parte, reafirmaron su convicción de que los términos propuestos por la carta de intención eran justos y que por eso estaban determinados a obtener un valor adecuado por el gas ofrecido.[234] En días posteriores y ante el evidente desacuerdo, el presidente José López Portillo anunció que Pemex no confirmaría oficialmente la carta de intención.

Dos fueron los motivos que explican por qué Estados Unidos rehusó el acuerdo establecido entre Pemex y el consorcio de firmas norteamericanas: el precio y el criterio sugeridos por Pemex para sus ulteriores revisiones.

[232] Según otras fuentes, el costo aproximado sería de 2 000 millones de dólares. *Oil Daily*, 7 de diciembre, 1977; y del mismo periódico, 22 de diciembre de 1977. Véase en páginas siguientes el estudio del caso: El gasoducto de 48 pulgadas, Cactus-Reynosa.

[233] Vietor, Richard H.K., *op.cit.*, p. 12.

[234] *Ibidem*.

En relación con el precio, el gobierno de Estados Unidos argüía que 2.60 dólares por MPC, era no sólo excesivo, sino que además ponía en cuestión aspectos fundamentales del Natural Gas Policy Act que como objeto de debate en el Congreso, proponía un precio de 1.75 dólares por MPC para el "nuevo gas".[235] La eventual aprobación del precio mexicano por el gobierno norteamericano, habría significado eventuales dificultades con los estados consumidores y productores, y por este medio, comprometido la frágil propuesta sobre la que descansaban las bases del Natural Gas Policy Act, parte del Plan Energético propuesto por la administración Carter.[236]

Otro argumento de peso, esgrimido para rehusar el precio, tanto por el gobierno norteamericano como por incluso algunos congresistas, fue el hecho de que su aceptación habría incitado a Canadá a buscar la nueva paridad mientras el precio era de 2.16 dólares por MPC.[237]

El segundo motivo que explica la no aceptación del acuerdo por parte del gobierno norteamericano, fue la cuestión relativa al criterio propuesto por Pemex para la revisión de precios, el cual lo ligaba a los movimientos que registraran los precios de los hidrocarburos en el mercado internacional, planteamiento ingrato a ojos de Washington, pues vinculaba el precio del gas a las cotizaciones internacionales del fuel oil núm. 2, fuertemente influido por la OPEP.[238]

La suspensión de las negociaciones y no la ruptura total de éstas, es el término que más se ajusta a la situación registrada después del anuncio de que la carta de intención expiraba sin haberse concluido el trato, pese a que objetivamente considerada la situación, existían las condiciones, intereses y necesidades convergentes para que tal acuerdo fuera logrado.

El interés que México concedía al logro de un acuerdo que finalmente no llegó, era evidente. Existía una apremiante necesidad de divisas ante la cual las exportaciones de gas natural constituían una de las fuentes posibles de obtenerlas. Por motivos algo más complejos de desentrañar, las posibles ventas masivas de gas natural habían llevado al director general de Pemex —tal vez como elemento de presión o desconocimiento del complejo juego de intereses en pugna por el lado

[235] Tal calificación obedecía a una compleja clasificación de categorías de gas, establecidas por el Natural Gas Policy Act, en virtud de la cual algunas categorías quedarían bajo un régimen de control de precios, hasta otras categorías a las cuales se les quitaría el control.

[236] Vietor, Richard H.K., *op. cit.*, p. 20.

[237] Aquello habría significado, para Estados Unidos, el desembolso de 2 a 3 mil millones de dólares adicionales a partir de 1977 y durante los tres años siguientes.

[238] Estados Unidos insistía en que los acuerdos de la OPEP no deberían determinar el precio del gas mexicano, el cual se estaba negociando en un estricto esquema bilateral. Puente Leyva, Jesús, *op. cit.*, p. 59.

norteamericano—, por una parte, a construir un gasoducto troncal desde el área de Reforma hasta la frontera norte en la ciudad de Reynosa, aun antes de que se concretara la venta de supuestos excedentes[239] y, por otro, anunciar pública y reiteradamente que la única opción económicamente rentable, para dicho gas excedente, era su exportación a Estados Unidos.[240] Aunque ambos aspectos no constituyeron los elementos decisivos para que las negociaciones fracasaran, hicieron, a fin de cuentas, muy poco favor a la capacidad negociadora de Pemex.[241]

La negativa dada por el gobierno de Estados Unidos, en realidad se basaba en aspectos algo más complejos que el precio y el mecanismo de revisión, aspectos no debidamente sopesados por los negociadores mexicanos, particularmente por Jorge Díaz Serrano. Estos aspectos tenían que ver con la multiplicidad de intereses en juego y el complicado proceso de decisiones en materia energética en Estados Unidos, reflejo por lo demás de las diversas instancias gubernamentales que directa o indirectamente toman parte en el juego político. El telón de fondo era la controversia suscitada en torno a la iniciativa de ley presentada ante el Congreso por la administración Carter, con miras a adoptar un plan energético integral, centrado en la conservación de energía y en la transición hacia la utilización del carbón.[242]

Si bien, por un lado en aquel debate en EUA, la importación de gas mexicano poseía ciertos aspectos positivos de acuerdo con un variado conjunto de criterios,[243] con respecto a otras fuentes suplementarias de gas natural —particularmente provenientes de Canadá y Argelia— no es menos cierto que las objeciones por parte del gobierno a que tal operación se realizase, creaban serias desventajas al gas de Alaska. En efecto, el desarrollo de este gas representaba la primera prioridad para la administración Carter, en términos de fuente suplementaria, y en ese sentido

[239] En efecto, según palabras de Díaz Serrano, Pemex había decidido, el 6 de octubre de 1977, iniciar la construcción del gasoducto. Díaz Serrano, Jorge, *Línea Troncal...*, *op. cit.*, p. 29.

[240] Díaz Serrano, Jorge, *Línea troncal...*, *op. cit.*, p. 27 y Pemex, *Generalidades...*, *op. cit.*, p. 12.

[241] Morales, Isidro, "Las negociaciones del gas entre 1977 y 1979", *Foro Internacional*, vol. XXVI, abril-junio, 1986, núm. 4, El Colegio de México, pp. 511-549.

[242] Vargas, Rosío, "Las negociaciones entre México y Estados Unidos por la venta de gas natural y el deterioro de las relaciones bilaterales", documento de trabajo, Programa de Energéticos, El Colegio de México, 1986. Véase además, Serrato, Marcela, "Las vicisitudes del plan energético de Carter", *Foro Internacional*, vol. XVIII, núm. 4, El Colegio de México, 1978.

[243] Éstos eran el precio y su futura estabilidad, seguridad en el aprovisionamiento, impacto en el medio ambiente, impacto en el empleo de la balanza de pagos y evidentes beneficios político-diplomáticos. Véase Vietor, Richard; *op. cit.*, p. 13. Véase además Congressional Research Service. Library of Congress. *Mexico's Oil and Gas Policy: An Analysis*, diciembre de 1978, Washington, 1979.

se avanzaban sólidos argumentos, partiendo por la seguridad en el aprovisionamiento e incluso arguyendo, finalmente, que el gas mexicano resultaba más caro que el proveniente de Alaska.[244] El rechazo por parte del gobierno norteamericano al precio y fórmula o criterio de revisión, establecidos en el acuerdo, adquiere así mayor sentido y claridad al constatarse que el impulso que pretendía darse a la producción nacional, era uno de los objetivos centrales del plan de energía de Carter.

Al parecer, la simplista percepción que Pemex tenía del asunto —o al menos de aquellos que representaron activamente a la empresa en las negociaciones— se había visto alimentada por el apoyo que la carta de intenciones encontró en algunos congresistas, compañías gaseras e incluso gobernadores de estado,[245] lo que en efecto allanaba o hacía más fácil, aparentemente, la firma de un acuerdo. Sin embargo, Pemex no supo sopesar en debida forma que, pese a las ventajas políticas y económicas que el acuerdo suponía para Estados Unidos, éstas no eran lo suficientemente fuertes para que el gobierno estadunidense abandonase su percepción de que México era sólo una fuente de gas suplementaria para una porción de mercado o un vendedor más en un mercado monopsónico.

Dicho de otra manera, México descuidó el hecho de que no obstante lo apremiante de la situación energética norteamericana, Estados Unidos tenía otras opciones y prioridades y que de existir, por parte de México, interés por lograr un acuerdo tal vez era mejor un precio no tan alto, pero adecuado, tomando en cuenta las de antemano desechadas opciones de quemar el gas o licuificarlo.

Segunda ronda, 1979

Las negociaciones sólo fueron reanudadas en febrero de 1979, con ocasión de la visita del presidente Carter a México, quince meses después de su suspensión. En esa oportunidad, el presidente de Estados Unidos reiteró, frente a sus interlocutores mexicanos, el renovado interés por comprar gas natural declarando que para eso estaban dispuestos a pagar un precio razonable, quedando además, sensibles a asuntos relativos a las demás exportaciones mexicanas y a la inmigración. De hecho, a decir de algunos observadores, el mencionado encuentro, sólo habría permitido reanudar las negociaciones referentes al gas, en una fecha ulterior —revitalizándose además, una comisión bilateral que, creada tiempo an-

[244] Vietor, Richard H.K., *op. cit.*, p. 17.

[245] Fagen, Richard y "Mexican Gas: The Northern Connection". Documento preparado para la conferencia: *U.S. Foreign Policy and Latin American and Caribbean Regimes*, Washington, D.C., 27 al 31 de marzo de 1978, pp. 21-34.

tes, se iba a abocar al estudio de asuntos como los mencionados antes, incorporando otras materias de mutuo interés.[246]

El 3 de abril de 1979, tuvo lugar en la ciudad de México la primera reunión de las seis que a lo largo de ese año se llevarían a cabo. Sin embargo, para dicha reunión, se vieron radicalmente modificadas las condiciones y términos contenidos en el momerándum de intenciones, que había constituido la base en torno a la cual se habían dado las frustadas negociaciones anteriores. Así, Pemex manifestó a través de sus representantes, que los volúmenes susceptibles de ser exportados serían sólo 800 MMPCD, sensiblemente inferiores a los 2 000 ofrecidos inicialmente. Un mes más tarde, el 14 de mayo, al celebrarse en Washington la segunda reunión, la delegación mexicana recortó más su oferta de volúmenes de gas para exportar, al ofrecer sólo 300 MMPCD. Según declararon representantes mexicanos,[247] este cambio se debía al hecho de que los crecientes volúmenes de gas provenientes de los nuevos yacimientos del sureste del país, los estaba absorbiendo la industria nacional, razón por la cual la cantidad excedente y por ende para exportar, tenía que ser menor. Las verdaderas razones de este cambio, como se comprobaría más adelante, eran mucho más complejas y controvertidas que las ofrecidas entonces.

La tercera reunión, celebrada en México el 12 de julio de 1979, fue precedida por dos acontecimientos particularmente importantes. El primero de ellos, fue el accidente del pozo exploratorio Ixtoc I, ocurrido el 3 de junio, y que afectaría parcialmente el curso ulterior de las negociaciones, quitando cierto lustre a Jorge Díaz Serrano,[248] cuyo importante papel en las negociaciones había sido y era de sobra conocido. El segundo, fue el acuerdo surgido en la reunión celebrada en Ginebra por los ministros de petróleo de los países miembros de la OPEP, entre los cuales destacaba el aumento del precio base del crudo en aproximada-

[246] Un artículo elaborado por los periodistas Peter Goldman y Eleanor Clift, aparecido en la revista *Newsweek* del 26 de febrero de 1979, reproducía los ácidos términos con los cuales López Portillo, se dirigió a Carter al ofrecerle un brindis, "... súbitamente (México) pasa a ser el centro más sensible de la conciencia norteamericana, mezcla sorpresiva de interés, desdén y temor...", más adelante, y a propósito del asunto de la inmigración, señalaba "... hay hombres que pueden comprar hombres y hombres... que tienen que venderse...". Véase también *Excélsior*, 16 de febrero de 1979. Como algunas afirmaciones sugieren en los meses que siguieron a la visita de Carter, el gobierno norteamericano dejó en el limbo los problemas de inmigración y comercio, cerró los ojos en relación con ilegales y persuadió a los productores de tomates del estado de Florida de ser complacientes respecto a la importación de los tomates mexicanos subvencionados.

[247] Kraft, Joseph, "A Reporter at Large. The Mexican Oil Puzzle", *The New Yorker*, 15 de octubre, 1979.

[248] Márquez, Miguel, "Las lecciones del accidente del pozo Ixtoc 1". *Cuadernos de Prospectiva Energética*, núm. 48, Programa de Energéticos, El Colegio de México, mayo de 1984.

mente 24%.[249] Ambos hechos, creaban nuevas condiciones para la negociación, disminuyendo el campo de maniobra para ambas partes y obligaba al mismo tiempo, a levantar y revisar los precios de referencia hasta entonces postulados por los negociadores. Al aumentar el precio del combustóleo núm. 6 (precio de referencia propuesto por Estados Unidos), a 3.00 dólares por MPC, superaba incluso, al del fuel oil núm. 2, precio de referencia al cual México ligaba el de su gas. Los representantes mexicanos propondrían uno, que estaba por encima de los 4.00 dólares por MPC, y pese a que manifestaron que el precio propuesto podía ser bajado, los norteamericanos lo consideraron excesivo. La delegación mexicana reafirmó además el propósito de suministrar tan sólo los 300 MMPCD propuestos anteriormente, añadiendo que dicho volumen podía ser aumentado en un futuro no definido.

Dos semanas más tarde, en una cuarta reunión celebrada en Washington, la delegación mexicana confirmó sus ofertas en cuanto a volúmenes para exportar y el precio al cual debía ser vendido. El equipo norteamericano, encabezado esta vez por Julius Katz, asistente del secretario de Estado, presentó ante dicha reunión varios estudios analíticos tendientes a justificar el uso del combustóleo núm. 6 como precio de referencia, lo que reforzaba, a su vez, la contraoferta norteamericana de pagar sólo 3.30 dólares por MPC o un poco más.[250] Tales estudios —y, por ende, la contraoferta—, no provocaron mayores comentarios por parte del gobierno mexicano, insistiendo en sus proposiciones. La insistencia mexicana se debía, al parecer, al esperado cambio en el gobierno de Estados Unidos, que en esos días, Carter venía a anunciar y que significaría la salida de Schlesinger percibido como un tenaz y porfiado negociador por parte de los mexicanos.[251]

La situación de *impasse* producida después de la cuarta reunión, preocupó sobremanera a los norteamericanos por el potencial costo político que podría causar en vísperas de la anunciada visita que José López Portillo haría a Estados Unidos. Esta situación llevó al embajador norteamericano en México, Patrick Lucey a aventurarse en un esfuerzo personal por desbloquear la situación. Con este fin, el 3 de agosto se reunió con López Portillo, saliendo de esta reunión, al parecer, convencido de que el presidente mexicano estaba de acuerdo con un precio de 3.40 dólares por MPC notificando de ello inmediatamente a Washington.[252]

Aquello no tardaría en ser desmentido por el secretario de Relaciones Exteriores Jorge Castañeda, el 9 de agosto, fecha en que se llevó a cabo, en México, una quinta reunión, manifestando a los contrariados

[249] Para un precio mínimo de 18 dólares el barril.
[250] Kraft, Joseph, *op. cit.*, p. 176.
[251] *Ibidem.*
[252] Kraft, Joseph, *op. cit.*, pp. 176 y 177.

delegados norteamericanos, que los propósitos sostenidos por López Portillo habían sido malentendidos y que México no aceptaba el precio de 3.40 dólares. Diversos comentarios hechos por miembros del equipo norteamericano, publicados por la prensa de E.U. y reproducidos en México, coincidían en señalar que López Portillo no había cumplido con lo tratado. Eso, junto a la entrada en escena de Robert Krueger, recientemente nominado embajador especial para asuntos mexicanos, quien hizo inoportunas, pero al parecer calculadas declaraciones en relación al problema de las indemnizaciones surgido entre Estados Unidos y México a raíz del derrame del Ixtoc I,[253] suscitaron fuertes y enconadas reacciones de diversos sectores de la opinión pública mexicana y en particular del presidente López Portillo, en su discurso del 22 de agosto del mismo año pronunciado en Salina Cruz, con motivo de la inauguración de una nueva planta petroquímica. El deterioro de las relaciones con México que insinuaba un nuevo fracaso en las negociaciones gaseras, aparentemente conmovió a la administración Carter, exigiendo al Departamento de Estado y al Departamento de Energía para que redoblaran esfuerzos con el fin de lograr un acuerdo.[254]

A fines del mes de agosto, viajó a la ciudad de México, Warren Christopher subsecretario de Estado, ofreciendo al secretario de relaciones, Castañeda, un precio de 3.50 dólares por MPC. Castañeda replicó que México no podía aceptar un precio que estuviese por debajo de 3.75 dólares. Las discusiones continuaron hasta que los mexicanos ofrecieron un nuevo precio de 3.625 dólares por MPC o su equivalente en BTU, que surgía de la división de la diferencia entre los precios avanzados por las partes. Tal fue, finalmente, el precio acordado.

Allanado el principal obstáculo para el logro de un acuerdo, las reuniones celebradas posteriormente fueron dedicadas a determinar: el plazo de permiso necesario para la cancelación del contrato, fijado en 180 días para ambas partes; los criterios por adoptar en relación con el ajuste de los futuros precios del gas, acordándose que éstos estaban en relación con las variaciones —a la alza—, que experimentaran los precios internacionales del crudo, específicamente, una canasta de cinco crudos: Istmo mexicano, Arab Light Saudita, Sahara Blend de Argelia, North Sea Forties y Tía Juana Medium 26 Venezolano, y finalmente una revisión y puesta al día de los precios cada tres meses.

El contrato entró en vigor el 1 de enero de 1980, que incluía un conjunto de detalles técnicos definidos, en una serie de cláusulas adicionales discutidas entre Pemex y el Border Gas, Inc.[255]

[253] Márquez, Miguel, *op. cit.*, pp. 39 y 50.

[254] Kraft, Joseph, *op. cit.*, p. 177.

[255] Pemex, *Las exportaciones mexicanas de gas natural a Estados Unidos. Antecedentes, situación actual y perspectivas*, octubre de 1983, México, D.F.

Más allá de esta crónica, el caso de las negociaciones, en su segunda ronda, aporta nuevos elementos que permiten una evaluación más objetiva de los resultados del acuerdo final.

Evidentemente, las condiciones, tanto políticas como económicas, bajo las cuales fueron iniciadas las negociaciones en 1977, habían cambiado. No en vano había pasado casi año y medio. Por parte de México y reflejo más inmediato de aquel cambio de condiciones, era la reducción de 2 000 a sólo 300 MMPCD de gas, ofrecido para exportación. Esta significativa limitación de los volúmenes exportables reflejaba la decisión tomada por Pemex en el sentido de destinar al consumo interno todo el gas natural producido, lo que hacía necesario restringir la producción de gas no asociado. Paralelamente, Pemex argüía que necesitaba tiempo para instalar las compresoras para el gasoducto de 48 plg ya construido. Además, las estimaciones de los cuantiosos ingresos por cuenta de la exportación de petróleo —mayores a 10 mil millones de dólares en 1980—, hacían que las ventas de gas natural al exterior, dejasen de ser vitales para México.[256]

Para Estados Unidos tal vez el hecho significativo aunque no necesariamente el único, era que esta vez la autoridad negociadora pasaba casi totalmente a manos del gobierno. Igualmente importante pudo haber sido que luego de prolongados debates, el Congreso había clarificado las políticas de precios gubernamentales, respecto al gas natural.[257] Otro elemento, sin duda menos importante que los anteriores, pero de indudable efecto, fue la renuncia de Schlesinger, algunos meses después de iniciada la segunda ronda de las negociaciones.

Al cambio de las condiciones internas en ambos países, habría de añadirse el alza en los precios internacionales del crudo a 28 dólares el barril. Tal aumento modificaba radicalmente las bases de las negociaciones iniciales, acerca del precio del gas mexicano, principal obstáculo para el logro de un acuerdo en la primera ronda. El aumento del precio del combustóleo núm. 6 (precio de referencia propuesto anteriormente por Estados Unidos), hizo que su precio superara incluso, al del fuel oil núm. 2 (precio de referencia escogido dos años antes por México). Esta nueva situación hizo que los precios de referencia sugeridos por cada una de las dos partes negociadoras, se alinearan por lo que las diferencias se vieron prácticamente allanadas.

Así, descrito el nuevo contexto en que se desarrolló la segunda ronda de las negociaciones, es evidente que los intereses comerciales o económicos divergentes derivados de una posible venta de gas dejaban de

[256] Desde principios de 1979, Pemex planteó al ejecutivo la necesidad de aumentar la plataforma de exportación del crudo, fijada en 1.3 MMBD en vista de las favorables condiciones que presentaba el mercado internacional petrolero y el crecimiento de las reservas probadas. Véase Snoeck, Michele, *El comercio...*, *op. cit.*, p. 55.

[257] Vietor, Richard H.K., *op. cit.*, p. 18.

ser esenciales. Los 300 MMPCD de gas mexicano ahora ofrecidos, y finalmente aceptados en el acuerdo, reflejaban la desaparición del meollo del conflicto; en términos de divisas eran poco significativos para México y para Estados Unidos más que marginales en términos de su participación en el total de las importaciones totales del gas natural por ese país.

Las condiciones finales del acuerdo comprobaron dos cosas básicas: primero, que el acuerdo en términos puramente comerciales resultó un fracaso para los negociadores mexicanos y segundo, que tal fracaso debe ser matizado en la medida en que tanto la reanudación de las negociaciones, como el acuerdo final, condujeron a la búsqueda de una solución políticamente negociada de asuntos que trascendían la mera venta de gas natural mexicano a Estados Unidos.

Cómo se llegó al precio final aceptado

El precio establecido por el acuerdo final fue de 3.625 dólares, superior en términos nominales al de 2.60 dólares por MPC, que México pretendía en la primera ronda de negociaciones.

Desde 1977, México había insistido en que el precio de referencia idóneo para establecer el de su gas, era el del fuel oil núm. 2 dísel. Sin embargo, a partir de la reanudación de las negociaciones, en 1979, México aceptó que en las discusiones en torno al precio de su gas, se considerara también como precio de referencia el del combustóleo núm. 6, combustible de menor calidad y más barato —en términos caloríficos—, que el fuel oil. Tal medida calificada acertadamente como pésima decisión técnica, pero explicable concesión política y diplomática,[258] significaba que los precios del gas natural, a precios vigentes en septiembre de 1979, fueron de 5.10 dólares por MPC, de considerarse el fuel oil 2 y de 3.87 dólares de aceptarse como referencia el precio del combustóleo, tesis que finalmente impuso Estados Unidos.[259]

Empero, aquello no fue todo, en el acuerdo final se estableció además, que la fórmula para la revisión trimestral del precio del gas,[260] li-

[258] Puente Leyva, Jesús, *op. cit.*, p. 128.

[259] El incremento logrado en el precio final del gas, por encima de los 2.60 dólares que pretendía México en 1977, fue de 39%, inferior a los incrementos de precios tanto del fuel oil núm. 2, como del combustóleo, entre 1977 y 1979. El primero, prácticamente se duplicó y el segundo, se elevó en 65%. Véase Puente Leyva, Jesús, *op. cit.*, p. 127 (Fuel núm. 6, es equivalente al combustóleo).

[260] La fórmula adoptada fue: $P = PO \times \frac{F}{FO}$ en que P = precio en dólares de los Estados Unidos por cada millón (1 000 000) de BTU en vigor, durante tal trimestre de entrega. PO = precio de 3.625 dólares de Estados Unidos por cada millón de BTU (sujeto a reconsideración según párrafo 2 de la cláusula 16) FO = promedio aritmético de los precios de contrato de exportación en dólares de Estados Unidos por barril, de los siguientes crudos: Istmo mexicano, Arabia Arab Light Saudita, Sahara Blend de Argelia, North Sea

gaba a éste con el precio contractual de exportación, de una canasta de crudos, sin que en ningún caso el precio estipulado pudiese resultar inferior al inicial de entrega, es decir 3.625 dólares por MPC. A la luz de las variaciones experimentadas por los precios del crudo en el mercado internacional,[261] y en particular 78.7% de incremento, registrado en los precios de cuatro de los cinco incluidos en la canasta de crudos de referencia, y de acuerdo con las expectativas de variación, estas alzas serían menores a las registradas por el fuel oil núm. 2, que había experimentado en el curso de 21 meses (diciembre de 1977 y septiembre de 1979), un alza de 100% y del fuel oil 6 (combustóleo) que aunque había aumentado 67% se preveía un ritmo de variación al alza, mayor que el de los crudos involucrados en la citada canasta de crudos de referencia.[262]

En suma, el precio de 3.625 dólares por MPC, acordado, constituyó en los hechos un neto retroceso de considerarse los términos bajo los cuales se habían dado las negociaciones en 1977, en la medida que en términos reales el precio aceptado, correspondió solamente 71% de los 2.60 dólares pedidos.[263]

Comercialmente hablando, el regocijo norteamericano[264] ante tales logros era justificado; pero la situación y la evaluación de los resultados, era distinta, de considerarse otros elementos que, como se señalaba, matizaban este aparente fracaso comercial por parte de los negociadores mexicanos.

Desde los inicios de las negociaciones e incluso después de iniciada la segunda ronda, resultó evidente que tras las discusiones en torno al precio y fórmula de su revisión, para la venta de los supuestos volú-

---

Forties y Tía Juana mediano 26 de Venezuela; en vigor el 1 de enero de 1980, según se publique en la lista contenida en el *Platt's Oilgram Price Report*. F = promedio aritmético de los precios de contrato de exportación en dólares de Estados Unidos por barril, de los crudos antes mencionados, en vigor el primer día de tal trimestre de entrega subsecuente, según se publique en el "Platt's Oilgram Price Report". Véase Pemex, "Las exportaciones...", *op. cit.*, pp. 62 y 63.

[261] Véase Puente Leyva, Jesús, *op. cit.*, Anexo 4. Dicha variación, resulta de comparar el promedio aritmético de los precios (fob) de cuatro de los cinco crudos escogidos (excluido el North Sea Forties), vigentes al 31 de diciembre de 1977, y el promedio aritmético de los precios de los mismos crudos vigentes, al 21 de septiembre de 1979.

[262] Puente Leyva, Jesús, *op. cit.*, p. 131.

[263] *Ibidem.*

[264] En efecto, según establece la crónica, Christopher Warren declaró públicamente que si se hubiera realizado el acuerdo dos años antes y en los términos exigidos entonces por México, el precio del gas sería de 5 dólares y no de 3.625 por MPC. Véase el artículo de Fausto Fernández P., en *Excélsior*, 22 de septiembre de 1979, así como en el mismo artículo las declaraciones de Les Goldman, secretario de Energía Auxiliar para Política y Evaluación, quien afirmó que al haberse negociado un precio de 3.625 dólares por MPC, "Estados Unidos pagaba a México un precio muy competitivo frente al del petróleo extranjero" y "menor que el precio mundial" (citado por Puente Leyva, Jesús, *op. cit.*, p. 128).

menes de gas excedentes, estaba el asunto de la plataforma de producción petrolera de México. Ciertamente existía interés inmediato en EUA en lo referente a suministro de gas, pero también y con mayor razón el interés primordial que guiaba a los negociadores norteamericanos, era un abastecimiento masivo y creciente de crudo. Para lograr tal objetivo, la compra, por parte de Estados Unidos, del gas mexicano en grandes volúmenes, era una condición inevitable en la medida en que la disponibilidad de esos volúmenes de gas asociado dependía del aumento sustancial de la plataforma de producción de crudo en México.[265] Además, en la medida en que el incremento significativo de la producción de crudo, representaba para México disponer de hidrocarburos que el país no podía consumir internamente, los excedentes tenían que ser exportados a Estados Unidos.

Aun al reanudarse las negociaciones en 1979, y pese a que los excedentes exportables de gas habían disminuido considerablemente, México continuaba siendo una fuente no sólo opcional y segura de suministro de hidrocarburos para Estados Unidos, sino, además, inmensamente rica, dadas sus reservas probadas y potenciales.

La duda en torno a la plataforma de producción de crudo fue despejada el 18 de marzo de 1980, por el presidente José López Portillo al señalar que no superaría los 2.7 MMBD de crudo (1.2 para consumo interno y 1.5 para exportación). De esta manera terminó la polémica en torno a las jamás realizadas ventas masivas de gas natural mexicano a Estados Unidos.

El acuerdo final de 1979, demuestra una postura conciliadora por parte de México, tendiente a allanar y mejorar las relaciones de México con Estados Unidos. Después de todo, como acertadamente señalaron algunos expertos "...México no podía ignorar la importancia que, en Estados Unidos, se había otorgado al acuerdo del gas como piedra de toque para definir el tono y la cordialidad de las relaciones entre los dos países".[266] Dicho de otro modo, el acuerdo final formaba parte de una estrategia política y diplomática de México, tendientes a mejorar las re-

[265] Según palabras del senador Frank Church, en el informe preparado por el Congressional Research Service. Library of Congress. *Mexico's Oil and Gas Policy An Analysis*, Washington, D.C., diciembre de 1978, establecía dos elementos relevantes: el primero, que México poseía las reservas probadas que lo hacían un productor importante de petróleo y gas en los próximos años y segundo, que si Estados Unidos *no compraba el gas mexicano, la producción de crudo mexicano sería limitada*, en virtud de los elevados volúmenes de gas asociados al crudo. Para más adelante reafirmar que... Si México no firma un acuerdo para exportar gas a Estados Unidos, el único mercado redituable, la producción de petróleo de México habría de limitarse a partir de 1983...".

[266] Véanse Puente Leyva, Jesús, *op. cit.*, p. 139; así como Pellicer, Olga, "El acuerdo para la venta de gas a Estados Unidos. Una conciliación necesaria", *Proceso*, 22 de octubre de 1979.

laciones globales con Estados Unidos, las que en esos años por múltiples posiciones encontradas, se habían deteriorado en forma alarmante.

Los 2 000 MMPCD de gas exportable

En páginas anteriores se afirmaba que los programas y planes delineados por Pemex, a inicios del gobierno de López Portillo, no contemplaban exportaciones de gas natural. Sin embargo, sólo meses después el director general de Pemex hacía pública la intención de exportar 2 000 MMPCD a Estados Unidos a partir de 1980.

Ya expuestas las razones que explican el cambio de planes, queda por dilucidar los factores o elementos que avalaban la existencia de aquellos volúmenes masivos excedentes del gas exportable. Eran básicamente cuatro: las crecientes reservas probadas, la alta relación gas/aceite en ciertos campos de las zonas del sur, una débil dinámica del consumo interno de gas y la disminución en la quema de gas asociado.

Los dos primeros son, en cierta medida, independientes de la voluntad de Pemex aunque estén de por medio las actividades exploratorias, perforatorias y otras necesarias para su descubrimiento; las dos restantes, en cambio, son factores que pueden ser afectados, en forma directa, por las políticas y planes delineados y ejecutados por Pemex al respecto. A su vez, los dos primeros son esenciales para comprobar la existencia de volúmenes masivos de gas; en cambio los dos restantes están estrechamente relacionados con la definición de "excedentes" como se les califica a los volúmenes de gas natural disponibles, y la condición que se les otorgaba de hacerlos exportables.

Las reservas probadas de hidrocarburos líquidos totales (cuadro IV.2), pasaron de 6 338 MMB, a fines de 1975, a 11 161 el 31 de diciem-

Cuadro IV.2
Evolución de reservas probadas de hidrocarburos líquidos totales y de gas, 1975-1977
(millones de barriles-MMB y miles de millones de pies cúbicos-MMMPC)

	Totales	Gas natural	
	MMB	MMB	MMMPC[a]
31 de diciembre, 1975	6 338.313	2 384.177	11 923.683
31 de diciembre, 1976	11 160.888	3 881.974	19 409.864
31 de octubre, 1977	14 600.000	5 080.800[b]	25 404.000[b]
31 de diciembre, 1977	16 001.628	5 573.651	27 868.254

[a] Un barril de petróleo equivalente a 5 000 PC.
[b] Estimados.
Fuentes: Pemex, *Memoria de labores, 1975 y 1977*, Pemex, *Línea troncal...*, *op. cit.*, pp. 12 y 14.

bre de 1976. En octubre de 1977, éstas aumentaron a 14 600 MMB y a fines del mismo año se fijaron en 16 002. Por su parte, las reservas probadas de gas natural, experimentaron dinámica similar. De 2 384 MMB u 11 924 MMMPC, evaluadas al 31 de diciembre de 1975, pasaron a 3 882 MMB o 19 410 MMMPC a fines de 1976; a 5 082 o 25 404 MMMPC en octubre de 1977, para llegar a 5 574 MMB o 27 868 MMMPC el 31 de diciembre de 1977.

El incremento de las reservas probadas de gas natural, logradas entre diciembre de 1975 y 1976, era cercano a 90%. Dicho incremento significativo se debió, en parte, a la intensa actividad exploratoria realizada en años previos, pero básicamente al nuevo método instrumentado por Pemex que incorporaba a las reservas probadas, reservas aún no confirmadas por perforaciones.[267]

El nuevo método que permitió que las reservas mexicanas de hidrocarburos se incrementaran notable y rápidamente, encontró no pocas objeciones.[268] Sin embargo, el aval en algunos casos y la aceptación, en otros, de las cifras entregadas por Pemex a compañías petroleras, agencias gubernamentales[269] y prensa extranjera especializada, darían la garantía necesaria para que estos datos fueran aceptados como válidos por las instituciones financieras internacionales.[270]

Tan importante como el incremento experimentado por las reservas de gas natural, eran las expectativas de que éstas fueran aún mayores. En efecto, en octubre de 1977, las reservas probadas de gas natural se verían sustancialmente modificadas en virtud de lo prolífico que se habían evidenciado los yacimientos del Cretácico y del Jurásico del área Chiapas-Tabasco. A decir de Díaz Serrano, estos yacimientos propor-

[267] Estas reservas probadas no perforadas, se evalúan mediante la interpretación geológica de la estructura, conociendo que la roca del yacimiento, saturada de aceite o gas, tiene continuidad. Las variables, espesor, productividad, porosidad y saturación de agua, se miden en unos cuantos pozos estratégicos, extrapolándose sus resultados al total de la formación, la cual ha sido determinada por medio de la interpretación sísmica. Véase Sordo, Ana María, *Evaluación...*, *op. cit.*, p. 3.

[268] Tales objeciones iban, según algunos expertos, desde lo excesivamente audaz que resultaba en ese nuevo método, considerar como semejantes, las características de toda la formación, hasta aquellas críticas que señalaban que aunque la adopción del método era adecuada, eran insuficientes los datos de los escasos pozos que servían de base para las estimaciones globales, amén de la no utilización de intervalos de confianza, que indicaran la probabilidad de existencia de las reservas. *Ibid.*, p. 35.

[269] De las compañías o instituciones aludidas, la más importante sin duda, fue la compañía estadunidense De Goyler and McNaughton, que certificó en 1977, las estimaciones hechas por Pemex respecto a las reservas a fines de 1976, establecidas en poco más de 11 000 MMB. Véase *Oil and Gas Journal*, 2 de mayo de 1977. Tal cifra, así como otras entregadas posteriormente por la misma compañía, fueron presentadas en el informe preparado por el Congressional Research Service, Library of Congress, documento ya citado, p. 12.

[270] Entrevista realizada por Ana María Sordo a Jorge Díaz Serrano el 29 de julio de 1985.

cionaban a México y a Pemex, una nueva magnitud en sus posibilidades de desarrollo petrolero.[271] En octubre, las reservas probadas de gas se estimaban en 30 000 MMMPC, conformadas por los 19 468, establecidos a finales de 1976; 6 200 de las reservas de gas provenientes de los importantes descubrimientos realizados en el área de Reforma —Cretácico terrestre y Huimanguillo—, y las reservas de gas provenientes de los nuevos campos de la cuenca de Sabinas, Coahuila.[272]

La continuación de las actividades exploratorias y de desarrollo en el área de Reforma harían que los campos incorporados, resultaran con una relación gas/aceite mucho más que la de 1 200 PC por barril, obtenida en 1976. De hecho, siete de las ocho estructuras incorporadas,[273] produjeron en breve tiempo, gas a razón de 3 600 PC por barril, lo que significaba triplicar la cantidad de gas por barril obtenida antes. Eran éstos, nuevos elementos, es decir la magnitud de las reservas y la alta relación gas/aceite en algunos campos de las zonas del sur, que habrían impulsado la modificación de lo originalmente planeado y permitieron delinear nuevos pronósticos de producción de gas natural: la "alternativa alta" y la "alternativa conservadora".

La "alternativa alta" (cuadro IV.3), sugerida por Pemex, establecía una producción de gas en 4 694 MMPCD en 1980 y de 5 399, en 1982. La "alternativa conservadora" (cuadro IV.4), por su parte, estimaba que la producción en 1980 sería de 4 469 MMPCD y en 1982 de 4 897.

Las negociaciones referentes a la venta de gas a Estados Unidos, debe recordarse, se iniciaron a principios de 1977 y los volúmenes de gas exportable ofrecidos inicialmente, fueron de 2 000 MMPCD a partir de 1980. Cualquiera de las dos alternativas antes expuestas, permitirían obtener los volúmenes propuestos en las negociaciones, de considerarse por el momento solamente las estimaciones relativas a las reservas probadas de gas natural.

Sin embargo, estas estimaciones fueron hechas con excesivo optimismo. La producción de gas natural, obtenida en 1980, fue de sólo 3 548 MMPCD, inferior en 921, a la producción estimada por la "alternativa conservadora", para aquel año y por supuesto, netamente inferior a la "alternativa alta" (cuadro IV.5). Las razones que explican tales dife-

[271] Díaz Serrano, Jorge, *Línea troncal...*, *op. cit.*, p. 7.

[272] En 1983, Pemex reconocería que las estimaciones hechas con respecto a las reservas probadas de gas, de la cuenca de Sabinas, estarían sobredimensionadas. Inicialmente, se había establecido que en esta provincia se contaba con un total de 3 582.4 MMMPC (716.5 MMB).Posteriores actividades desarrolladas por Pemex, demostraron que sólo podría tomarse como cierta la cifra de 115.6 MMMPC (23.1 MMB), lo que representaba un drástico descenso cercano a 98% de las reservas probadas de gas natural de dicha área o provincia. Véase Sordo, Ana María, *Evaluación...*, *op. cit.*, p. 73.

[273] Se trata de los campos Artesa, Cacho López, Agave, Paredón, Sunuapa, Copanó, Giraldas y Mundo Nuevo.

Cuadro IV.3
Alternativa alta.
Producciones de gas, actual y futura, considerando las reservas probadas y probables, 1976-1988
(millones de pies cúbicos diarios-MMPCD)

	1976	*1977*	*1978*	*1979*	*1980*	*1981*	*1982*	*1988*
Pronóstico de la producción de gas considerando:								
Reservas probadas al 1 de enero de 1977								
Zona Norte	460	493	520	524	519	491	455	273
Distrito Poza Rica	148	152	126	135	171	180	202	149
Distrito Cuenca del Papaloapan	26	22	30	42	45	48	45	30
Zona Sur	1 475	1 576	1 637	1 671	1 579	1 485	1 301	739
Total	2 109	2 243	2 313	2 372	2 314	2 204	2 003	1 191
Reservas probadas no desarrolladas al 1 de enero de 1977								
Distrito Frontera Norte	—	—	129	278	246	218	193	13
Eoceno	—	—	—	56	106	150	189	121
Zona Sur Cretácico	—	—	985	1 182	1 127	1 053	1 004	758
Total	2 109	2 243	1 114	1 516	1 479	1 421	1 386	972
Total de reservas probadas	2 109	2 243	3 427	3 888	3 793	3 625	3 389	2 083
Reservas probadas productoras conocidas	—	—	—	235	901	1 516	2 010	4 135
Gran total	2 109	2 243	3 427	4 123	4 694	5 141	5 399	6 218

Fuente: Pemex, Subdirección de Producción Primaria. *Generalidades...*, *op. cit.*, p. 29.

rencias se debieron, fundamentalmente, a las erróneas estimaciones en relación con las posibilidades de desarrollo del área de Huimanguillo. En dicha área, si bien la relación gas/aceite fue relativamente alta, en algunos campos, en cambio en otros, fue menor a la esperada, lo que implicó que la producción total de gas asociado, proveniente de aquella área, fuera por ende, menor a la esperada. Asimismo, fueron incorrectas las estimaciones para algunos campos del Cretácico terrestre (cuadros IV.5 y IV.6).

Pero ya se señalaba, la eventual exportación de volúmenes masivos de gas excedente, no sólo estaba sujeta a un incremento formidable de

Cuadro IV.4
Alternativa conservadora.
Producciones de gas actual y futura, considerando las reservas probadas y probables, 1976-1988

(millones de pies cúbicos diarios-MMPCD)

	1976	*1977*	*1978*	*1979*	*1980*	*1981*	*1982*	*1988*
Pronóstico de la producción de gas considerando:								
Reservas probadas de los campos, al 1 de enero de 1977								
Zona Norte	460	493	520	524	519	491	455	273
Poza Rica	148	152	126	135	171	180	202	149
Angostura	26	22	30	42	45	48	45	30
Zona Sur	1 475	1 576	1 637	1 671	1 579	1 485	1 301	739
Total	2 109	2 243	2 313	2 372	2 314	2 204	2 003	1 191
Reservas probadas de los campos no desarrollados al 1 de enero de 1977								
Distrito Frontera Norte			129	278	246	218	193	13
Eoceno-Paleoceno			—	56	106	150	189	121
Zona Sur Cretácico			985	1 182	1 127	1 053	1 004	758
Total			1 114	1 516	1 479	1 421	1 386	972
Total reservas probadas	2 109	2 243	3 427	3 888	3 793	3 625	3 389	2 083
Reservas probables de cuencas productoras conocidas				176	676	1 137	1 508	3 101
Gran total	2 109	2 243	3 427	4 064	4 469	4 762	4 897	5 184

Fuente: Subdirección de Producción Primaria, *Generalidades*..., *op. cit.*, p. 30.

Cuadro IV.5
Producciones de gas natural, estimadas por las alternativas alta, conservadora y real, 1977-1982

(millones de pies cúbicos diarios-MMPCD)

	1977	*1978*	*1979*	*1980*	*1981*	*1982*
Alternativa alta	2 243	3 427	4 123	4 694	5 141	5 399
Alternativa conservadora	2 243	3 427	4 064	4 469	4 762	4 897
Real	2 046	2 561	2 917	3 548	4 061	4 246

Fuente: cuadros IV.3, IV.4 y II.4.

Cuadro IV.6
Relación gas/aceite en campos seleccionados de las zonas del sur, 1980-1982 (PC/B)

	1980	*1981*	*1982*
Cretácico terrestre	1 918.3	2 332.7	2 537.1
Sitio Grande	1 220.5	1 370.8	1 502.9
Cactus	1 432.0	2 409.4	2 000.8
Samaria	1 111.5	1 120.3	1 124.3
Cunduacán	1 430.2	1 438.8	1 388.6
Oxiacaque	2 632.6	3 490.2	5 965.7
Níspero	1 436.4	1 516.8	1 191.1
Área Huimanguillo	4 930.5	4 950.3	4 119.8
Giraldas	4 280.0	4 510.5	4 556.3
Agave	7 311.1	8 612.1	9 612.3
Paredón	3 000.0	2 537.8	2 400.5
Chiapas	4 622.2	2 811.0	3 382.5
Otros	3 964.7	4 776.5	3 045.6
Total			
Promedio ponderado	3 424.4	3 641.5	3 328.5

Fuentes: Pemex, Gerencia de Análisis y Evaluación del Mercado Internacional, Coordinación de Comercio Internacional, *El sector petrolero mexicano, 1980-1983. Estadísticas seleccionadas*, México, abril de 1983.

las reservas probadas y de la relación gas/aceite, en los campos de las zonas del sur, sino también a la evolución del consumo interno y la drástica disminución de la quema de gas.

De considerarse las estimaciones incluidas en la "alternativa conservadora" y por ende, suponiendo que sus metas serían alcanzadas, la obtención de excedentes estaba sujeta a que el consumo interno se restringiera a un crecimiento anual de 4%, inferior al 15.1 de crecimiento anual, registrado entre 1960 y 1970, e inferior al quinquenio inmediatamente precedente (1970-1975), que registró un crecimiento promedio anual de 5.3 por ciento.[274]

El ritmo al cual había crecido el consumo hasta 1975, era alarmante considerando que la producción había aumentado a un ritmo menor. Aún bajo las nuevas condiciones, el lento crecimiento normativo que pretendía imponerse al consumo interno de gas, resultaba imposible de lograrse ya que la demanda potencial de gas había sido siempre elevada; por lo que, de no adoptarse medidas draconianas, su consumo se vería estimulado. En realidad con el arbitrario tope de crecimiento al año, al

[274] Incluye el consumo interno de Pemex y sectores industrial, eléctrico y residencial.

cual se quería restringir la expansión de su consumo, lo que se pretendía era generar los excedentes necesarios y cumplir con las metas de exportación (cuadro IV.7).

Cuadro IV.7
Excedentes para exportación, 1977-1988
(millones de pies cúbicos diarios-MMPCD)

Año	*Producción*		*Demanda*	*Excedentes*
	Bruta	*Gas seco*		
1977	2 243	1 735	1 550	185
1980	4 469	3 946	2 027	1 919
1982	4 897	4 326	2 442	2 184
1988	5 184	4 576	2 550	2 026

Fuente: Pemex, Subdirección de Producción Primaria, *Generalidades...*, *op. cit.*, pp. 10, 12 y 31.

Entre 1977 y 1980, en este último, en el cual iba a iniciarse la exportación de 2 000 MMPCD, el consumo interno de gas natural creció a 15.5% promedio anual,[275] superior no sólo a 4 normativo, sino también a 5.3 registrado entre 1970 y 1975. De las razones de tal dinamismo, ya parcialmente expuestas, conviene recordar dos elementos centrales: por un lado, la existencia de una elevada demanda potencial que engloba a la difícilmente cuantificable demanda insatisfecha; y por otro, la ausencia de mecanismos adecuados para que de acuerdo con el tope fijado de expansión, de 4% anual, el consumo de gas disminuyera en términos relativos. Entre otros factores ausentes cabría mencionar el incremento en los precios del gas, la modificación de los precios de su sustituto directo —el combustóleo— y la disminución del consumo interno dentro de Pemex.

La obtención de los excedentes exportables no sólo estaba condicionada al ritmo que experimentara el crecimiento del consumo de gas, sino también a una disminución significativa de los volúmenes de gas quemado, los que de acuerdo con lo sugerido en su momento, por una conocida firma consultora norteamericana, debían ser menores a 2% de la producción bruta.[276] Pemex preveía poder mejorar su comportamiento al respecto. Según sus estimaciones, 24% del producido en 1976 se quemaba o enviaba a la atmósfera (cuadro IV.8).

En 1977, los volúmenes quemados descenderían a 6.7%; en 1975,

[275] Véase el cuadro II.4.
[276] Véase el capítulo III, De la autosuficiencia a la abundancia, 1976-1982.

Cuadro IV.8
Estimación de volúmenes de gas quemado o enviado a la atmósfera considerando la alternativa conservadora, 1977-1982
(millones de pies cúbicos diarios-MMPCD)

	1976	*1977*	*1978*	*1979*	*1980*	*1981*	*1982*
Producción bruta de gas	2 109	2 243	3 427	4 064	4 469	4 762	4 897
Gas quemado	506	150	34	41	47	51	54
Porcentaje	24	6.7	1.0	1.2	1.0	1.1	1.1

Fuente: Pemex, Subdirección de Producción Primaria, *Generalidades*..., *op. cit.*, p. 31.

a 1; en 1979, a 1.2, y en 1980 nuevamente a 1%. Todo aquello iba a lograrse mediante el sustancial incremento en las capacidades de aprovechamiento del gas asociado extraído. No obstante, de acuerdo con las cifras ofrecidas en los cuadros III.10 y III.11, la quema de gas en los años mencionados, continuó siendo elevada: 17%, en 1977; 15, en 1978; 12, en 1979 y 1980, y 16 en 1981.

En suma, de esta evaluación cuantitativa del caso abordado, pueden sacarse dos conclusiones: la primera, que la disponibilidad de los 2 000 MMPCD ofrecidos en la primera ronda de negociaciones estaba sujeta a factores cuya evolución fue proyectada en términos excesivamente optimistas, en particular en lo que concierne a la alta relación gas/aceite del área de Huimanguillo, a las reservas probadas de la cuenca de Sabinas, la capacidad de restringir el consumo interno y la disminución en la quema de gas. La segunda, es que nunca fue posible disponer de esos 2 000 MMPCD excedentes exportables, ni lo estaría en un futuro cercano, por lo que las negociaciones por la venta de gas mexicano a Estados Unidos, descansaron desde sus inicios en un vicio de origen del cual no escaparon ni los detractores ni menos los sustentadores, tanto en México como en Estados Unidos, del proyecto de exportaciones masivas de gas en la segunda mitad de los setenta.

2. El gasoducto de 48 plg Cactus-Reynosa

La construcción del gasoducto Cactus-Reynosa constituye una de las realizaciones más ambiciosas y representativas del periodo, del auge petrolero iniciado en 1976, bajo la administración de Jorge Díaz Serrano en Pemex, no sólo por los cuantiosos recursos financieros involucrados, sino también por el encendido debate y polémica surgidos en torno al proyecto.

Convencidos de la virtual obtención de excedentes masivos de gas natural y de la necesidad e interés por exportarlos (después de desechar la reinyección de éstos a los yacimientos, su quema, la reducción en la expansión del ritmo de la producción de crudo y consecuentemente la de gas asociado de acuerdo con los requerimientos internos) los ejecutivos de Pemex, encabezados por su director general, se abocaron a la búsqueda de la alternativa más adecuada para su exportación. Éstas eran: exportar el gas por barco, previa licuefacción o en forma gaseosa mediante tubería. La primera conduciría el gas hasta el puerto de Rotterdam en Holanda o a otro país,[277] y la segunda, desde Cactus, Chiapas, hasta la frontera con Estados Unidos, en Reynosa, Tamaulipas. De acuerdo con lo informado por Pemex,[278] el análisis de los resultados obtenidos del estudio de las alternativas, determinó que la decisión fuera exportar gas a través de un gasoducto, al único mercado factible, Estados Unidos.

El proyecto inicial de construcción del gasoducto Cactus-Reynosa, contemplaba una extensión de 1 350 km, con un diámetro de 48 plg, una capacidad total de 2 700 MMPCD y 800 MMPCD, sin estaciones de compresión. Su punto de salida estaba en Cactus, Chiapas, cruzaba los estados de Tabasco y Veracruz para concluir en Reynosa, Tamaulipas (mapa 1).

Las características del gasoducto, antes descritas, era el resultado —según Pemex—, de detallados estudios realizados entre las opciones técnicamente factibles, de acuerdo con el criterio de obtención de una mayor rentabilidad sobre el capital invertido, y condiciones razonables de flexibilidad, seguridad y simplicidad en la operación. De este modo, tras evaluar con las metodologías, tradicionalmente usadas, para los cálculos de conducción y económicos, se analizaron las distintas tuberías con diámetros que iban desde 36 hasta 54 plg, tomándose como volumen óptimo de diseño 2 100 MMPCD y capacidad máxima de 2 700.[279] El resultado indicó la conveniencia de construir el gasoducto de 48 plg de diámetro (1.22 metros) con la longitud ya señalada, provisto de una estación inicial de compresión y 16 intermedias, para recompresión del gas, operando a una presión de 85 kg/cm^2 (1 200 lb/plg^2).

La inversión estimada para la construcción de este gasoducto, ascendía a 23 000 millones de pesos o 1 000 millones de dólares a precios de 1977. Cerca de 60% de dicha suma correspondía a la línea, y el resto a las estaciones de compresión y a otras instalaciones complementarias.

Las bondades del proyecto iban mucho más allá de los resultados

[277] Con ciertas diferencias, una propuesta semejante era la presentada por Heberto Castillo, *Huele a gas. Los misterios del gasoducto*, Editorial Posada, México, 1977.

[278] Díaz Serrano, Jorge, *Línea troncal...*, *op. cit.*, p. 26.

[279] *Ibid.*, p. 13.

Mapa 1
Gasoducto Cactus-Reynosa
(Trazo general)

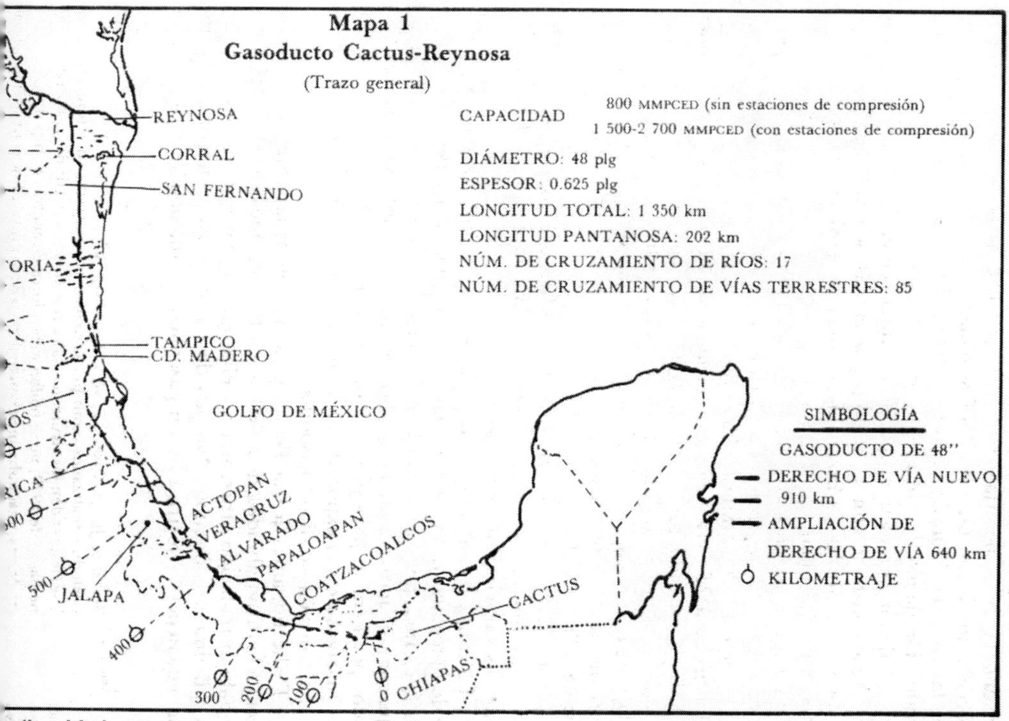

tróleos Mexicanos.

positivos, entregados por la evaluación técnico-económica. Según Díaz Serrano, la obra generaría entre 24 000 y 35 000 empleos durante su construcción, interconectaría todos los sistemas de transporte de gas existentes, favorecería el fortalecimiento de transmisión de gas, incorporaría la producción de gas de campos ya existentes, y de campos nuevos a todo lo largo de un gasoducto proyectado y, finalmente, a pesar de que nunca se habían construido líneas de 48 plg en el país, se trataría de promover y obtener, dentro de lo razonable, lo máximo posible de materiales de fabricación nacional.

La construcción fue iniciada el 6 de octubre de 1977, antes de que se concretara el acuerdo entre México y Estados Unidos por el suministro de los 2 000 MMPCD. La entrada en operación del gasoducto estaba prevista 24 meses después del inicio de su construcción e incluso se había planteado que la exportación de gas podría empezar sin compresoras, dentro de los doce meses contados a partir de octubre de 1977, a la mitad de la capacidad del ducto.[280] El inicio de las exportaciones, en realidad, sólo comenzó el 15 de enero de 1980, enviándose algo menos de 300 MMPCD.

Tales fueron, en los términos oficiales hechos públicos, los aspectos esenciales que dan cuenta del porqué de la construcción del gasoducto y de sus características técnicas.

La construcción del gasoducto de 48 plg, Cactus-Reynosa, no puede desvincularse de las negociaciones emprendidas entre Pemex y el Border Gas, Inc., por la venta de 2 000 MMPCD de gas excedente. Más aún, a juzgar por ciertos elementos, cabría preguntarse si los argumentos avanzados por Pemex, para justificar de antemano la existencia de volúmenes masivos de gas exportables, no tenían otra intención que justificar la construcción de dicho gasoducto.

De hecho, antes de que Pemex hiciera públicas sus estimaciones, respecto a la disponibilidad de 2 000 MMPCD excedentes para exportación, se habían realizado otras, una de ellas en SPP, las que, basadas en un ya difícilmente obtenible volumen de 1 200 MMPCD, determinaban la conveniencia de construir no un gasoducto de 48, sino de 36 plg.[281] La

280 Díaz Serrano, Jorge, *Línea troncal...*, *op. cit.*, p. 27.

281 De los estudios realizados tanto por SPP como por SEPAFIN, en contra del gasoducto de 48 plg, se desprenden los siguientes datos relevantes: a partir de la consideración clave de que a mediados de 1977, no se tenían indicadores razonables de que se obtuvieran los 2 000 MMPCD de gas, resultaba más conveniente construir dos líneas de 36 plg que a igual capacidad de la de 48, costaban casi lo mismo que de 48 con el costo de alrededor de 12 millones de pesos por kilómetro. A ello cabría agregar que los gasoductos de 36 no sólo permitían tener la opción —ante un posible fracaso en las negociaciones—, de que al menos uno de éstos pasaría por importantes centros de consumo, sino además, el componente nacional en su fabricación sería mucho mayor con la conveniente demanda interna en términos de ingresos, empleo, etcétera.

súbita determinación de los altos ejecutivos de Pemex (particularmente su director general, así como del entonces gerente de explotación, ingeniero Jesús Chavarría y principalmente del asesor ingeniero Cesar Baptista), de hacer público, en octubre de 1977, que los volúmenes para exportar serían de 2 000 MMPCD y que para ello se construiría el gasoducto de 48 plg, sorprendió no solamente a funcionarios de SPP, sino al propio representante de las compañías gaseras norteamericanas, Sherman Clark, quien aún con mucho optimismo dudaba de que se dispusiera de tales volúmenes.[282]

Para medidados de 1977, se tenía la certeza de que no se dispondría de los 2 000 MMPCD para exportación, debido a que la continuación en las actividades exploratorias y de desarrollo de nuevo campo, en las zonas del sur, reflejaban rendimientos por campos menores a los esperados. Sin embargo, se incluyó al estudio del gasoducto, como condición, la ruta adoptada por el proyecto inicial de construcción, ruta distante de posibles centros de consumo, particularmente del altiplano y Monterrey. Esto garantizaba —al menos teóricamente—, que el gas destinado para exportación desde las zonas del sur, no fuese desviado al consumo interno y de este modo, se pudiera restringir éste en los años venideros a 4% de crecimiento anual.

A principios de octubre de 1977,[283] en momentos en que se inició formalmente la construcción del gasoducto, la situación era más seria aún, ya que existían serias presunciones que no serían alcanzados los volúmenes de gas excedentes exportables, que habían justificado el proyecto, con lo cual su viabilidad quedaba seriamente cuestionada. Pese a eso la obra fue continuada.

El empecinamiento mostrado por altos ejecutivos de Pemex, no es fácil de entender. Tal vez pueda explicarse, en parte, por los compromisos financieros (préstamos), y físicos (tuberías y equipo, etc.), que Pemex ya había contratado para la construcción del gasoducto,[284] pero ciertamente tal explicación deja de ser suficiente. Las verdaderas razones por las que, pese a todo, finalmente se construyó el gasoducto de 48 plg, habría que buscarlas en otros campos y/o disciplinas que permitan entender cierto tipo de comportamiento propio a épocas de euforia, en las que se buscaba, entre otras cosas, construir un gasoducto, el mayor que se había construido en la historia de México, en América, etc., y que por añadidura, para alguien, si bien no necesariamente para México, representó un excelente negocio.

Finalmente, se construyó un gasoducto de 48 plg de Cactus a San

[282] Entrevista a funcionarios de SPP.

[283] Hasta el 27 de octubre, ya se habían tendido 426 km de tubería. Véase el texto íntegro de la exposición de Jorge Díaz Serrano, durante su comparecencia ante la Cámara de Diputados, el 26 de octubre de 1977.

[284] Véase el capítulo III.

Fernando y de 42 plg hacia Los Ramones para entroncarse con los gasoductos de 24 y 22 plg Reynosa-Monterrey, cuyo costo estimativo superó, en todo caso, los 1 000 millones de dólares[285] y que jamás condujo más de 800 MMPCD.

3. Reservas probadas de gas natural: una revisión necesaria de las cifras estimadas

Destacar lo importante que son para México y Pemex las reservas probadas de hidrocarburos en general y las de gas natural, en particular, resulta una verdad de elocuencia tal, que no merece mayor abundamiento. Sin embargo el tema es otro, si se quiere saber *cúan* importantes son estas reservas, lo que en otras palabras exige saber, a cuánto ascienden realmente.

Los comentarios que a continuación se exponen, se proponen incorporar algunos elementos para evaluar, de manera global, las estimaciones relativas a las reservas probadas de gas natural, establecidas por Pemex hasta el 31 de diciembre de 1985. Dicho de otro modo, los siguientes breves comentarios no pretenden cuantificar las reservas probadas de gas natural a la fecha indicada, pero sí entregar ciertos elementos que permitan al lector formarse una idea algo más aproximada de la que realmente puede derivar, a partir de las cifras publicadas por Pemex.

1. Según Pemex,[286] al 31 de diciembre de 1985, las reservas probadas de hidrocarburos líquidos totales eran: 70 900 millones de barriles (MMB), de los cuales 49 260, correspondían al crudo; 15 340 a gas seco y 7 150 a líquidos del gas (cuadro IV.9).

La primera corrección que debe introducirse, es que en estas cifras Pemex considera un equivalente al gas seco de 5 000 PC/B de crudo, cuando en realidad este valor corresponde al gas natural húmedo, *incluyendo* los líquidos. En realidad debería considerarse como equivalente cerca de 6 000 PC/B, de lo contrario se estaría duplicando el volumen relativo a líquidos del gas. Bajo esta consideración que proviene de tomar en cuenta el poder calorífico para cada uno de los hidrocarburos, las reservas de gas natural (seco), al 31 de diciembre de 1985, descenderían a 12 751 MMB (cuadro IV.9), o 63 755.0 MMMPC (63 775 000 $\times$ 10^6 PC).

La diferencia, aunque pequeña, representa casi dos veces la producción total de hidrocarburos en 1985.

[285] La propuesta sugerida por SPP comentada en páginas anteriores, comprendía el tendido de una línea de 48 plg tan sólo desde Cactus hasta Tierra Blanca o a Minatitlán, porque Pemex ya había efectuado pedidos por compra de tubería sin la debida autorización de dicha secretaría.

[286] Pemex, *Memoria de labores, 1985*, México, 1986.

Cuadro IV.9
Reservas probadas de hidrocarburos líquidos totales, según Pemex y corregidas al 31 de diciembre de 1985

(millones de barriles-MMB)

	Pemex[a]	*Corregidas*[b]
Crudo	48 612	48 612
Gas seco	15 307	12 751
Líquidos de gas	6 981	6 981
Total	70 900	68 344

[a] Considera 5 000 PC = 1 barril de crudo.
[b] Considera 6 000 PC = 1 barril de crudo.
Fuente: Pemex, *Memoria de labores, 1985*, México, 1986.

El segundo elemento por considerar, proviene de un simple ejercicio comparativo entre los volúmenes establecidos para las reservas probadas de gas natural y las respectivas producciones para los años 1975 y 1985 y la contradictoria dinámica de ambas (cuadro IV.10).

En 1975, las reservas probadas de gas natural de la Zona Norte se establecieron en 3 889 MMMPC y, alrededor de 95% de ellas correspondían a Reynosa. En 1985 éstas eran estimadas en 8 370, 92% de las cuales correspondían a Reynosa. Sin embargo, la producción pasó de 496 MMPCD, en 1975, a sólo 353 en 1985.

Es decir, pese a que las reservas se multiplicaron en cerca de 2.2 veces, la producción descendió en casi 30%. Algo parecido sucedió con la Zona Centro (que incluye Poza Rica y Papaloapan y excluye Chicontepec). Dichas reservas se establecieron en 2 791 MMMPC, en 1975 y 3 618 en 1985, más los 26 700 de Chicontepec. La producción de gas en la misma región pasó de 185 a sólo 153 MMPCD en 1975 y 1985, respectivamente.

En la medida en que no existen restricciones en la producción de gas, ya sea por decisiones normativas adoptadas o problemas técnicos mayores (extracción, recolección, bombeo neumático, etc.), el nivel de explotación que actualmente —hasta 1985 al menos—, se alcanza puede ser calificado de razonable, esto es llevado casi al máximo de lo que permiten los campos. El comportamiento negativo de la producción frente a crecientes reservas de gas —ambas en la Zona Norte—, no deja de ser sorprendente y permite afirmar que las cifras publicadas por Pemex, como reservas probadas para las zonas mencionadas, son cuestionables, por ende, los criterios utilizados para cuantificarlas.

Cuadro IV.10
Reservas probadas y producción de gas natural por zonas, 1975 y 1985

	Reservas (MMMPC)		Producción (MMPCD)	
	1975	*1985*	*1975*	*1985*
Zona norte[a]	3 889	8 370	496	353
Zona Centro	2 791	3 618	185	153
Zona Sur		1 170		83
Zona Sureste	4 854	24 508	1 474	2 061
Zona Marina		12 166		955.
Chicontepec		26 701		—
Angostura	390	—	—	—
Total	11 924	76 536	2 040	3 605

[a] Incluye Distrito Frontera Noreste, básicamente.

Fuentes: Pemex, *Memoria de labores, 1975* y *Memoria de labores, 1985*.

Puesto en otros términos, resulta incomprensible el constatar que pese a que las reservas probadas de gas han aumentado en forma significativa, incrementándose igualmente las actividades perforatorias y la incorporación de mayores pozos de desarrollo, haya disminuido la producción.

Más delicado aún es el caso de las reservas probadas de gas natural, estimadas para Chicontepec y las zonas Marina y Sureste. Delicados en un doble sentido, por lo frágil de las bases en que descansan los criterios utilizados por Pemex para realizar las estimaciones de donde, la extrema cautela con que éstas deben ser tomadas y por la importancia de estas reservas en el total.

De acuerdo con las cifras antes expuestas (cuadro IV.10), las reservas probadas de gas natural, establecidas a fines de 1985, daban para Chicontepec, una participación de 35% del total, y de 16 y 32 para las zonas Marina y Sureste, respectivamente, es decir 83% del total de reservas probadas de gas natural, estaban localizadas en estas tres zonas.

Con respecto a Chicontepec es un hecho que las estimaciones hechas por Pemex, con respecto a las reservas probadas de gas natural localizadas en dicha formación, continúan siendo cuestionadas[287] y esto por dos razones esenciales. La primera, proviene de las ya conocidas objeciones hechas por la Comisión Intersecretarial (Sepafin y SPP) en

[287] Para mayor detalle véase Sordo Ana María, *Evaluación...*, *op. cit.*, pp., 39-56.

1980,[288] respecto al proyecto Chicontepec, corroboradas en junio del mismo año, en un informe elaborado por SPP, en el que se cuestionaban, no solamente el factor de recuperación de 16%,[289] presumiblemente utilizado por Pemex, sino también la costeabilidad y rentabilidad del proyecto.[290] Llama la atención, que Pemex no haya rectificado las reservas probadas de gas natural localizadas en dicha zona,[291] aun con la espectacular baja de precio del crudo a nivel internacional, pues debe recordarse que por definición, el concepto de reservas probadas —aceptada aún por Jorge Díaz Serrano—, incluía aquellos volúmenes de gas natural (crudo y líquidos del gas natural), que además de definir las condiciones bajo las cuales éstos eran medidos, señala que caen bajo esta denominación aquellos yacimientos que se pueden recuperar bajo condiciones *económicas* y tecnológicas actuales o del momento. Si en 1977 al elevado factor de recuperación de 16%, se le asociaba además un precio de algo más de 20 dólares por barril extraído, a los aún más bajos precios actuales del crudo y a mediano plazo, está de más señalar la necesidad de corregir las cifras estimadas para reservas probadas de gas natural en Chicontepec. El concepto dinámico de reservas probadas, lamentablemente no hay que olvidar, juega en los dos sentidos.

Con respecto a las zonas Marina y Sureste, según estudios realizados, los factores de recuperación de 46% allí utilizados, habrían sido excesivamente altos comparados con 33% establecidos como exitosos a nivel mundial y que incluye explotación primaria y recuperación secundaria.[292] Prueba de esto fue la constante declinación de la producción de gas (y crudo), en el sureste a partir de 1982 y antes, en algunos campos (Samaria y Cactus, entre otros), lo cual ocasionó que el IMP elaborara

[288] Comisión Intersecretarial SEPAFIN-SPP, *Las reservas de la formación Chicontepec*, México, mayo de 1980.

[289] Factor que mide el volumen extraíble respecto al volumen original *in situ*. Los escenarios de reservas probadas en la zona, estimados por la Comisión Intersecretarial se cuantificaron así: 2 691 MMB, si el factor de recuperación era de 5% (sin aplicar técnicas de inyección o fracturamiento); 5 382 si el factor de recuperación ascendía a 10%, y 8 079.9 si el factor llegaba a 15%. Véase, Sordo, Ana María, *Evaluación*..., *op. cit.*, pp. 55 y 56.

[290] Según ingenieros de Pemex e IMP consultados, un factor de recuperación de 3% sería algo más adecuado e incluso para que su explotación fuera rentable el precio del crudo debería ser superior a 20 dólares el barril.

[291] Esto es una verdad a medias. A principios de 1984, el director general de Pemex, Mario Ramón Beteta declaró lo siguiente: "En esta región —Chicontepec— la Agencia Internacional de Energía (AIE) ha estimado en 50 MMMB *in situ* ("los volúmenes originales"), y un factor de recuperación de 5%. Según nuestras estimaciones —y las mantenemos—, son de 106 MMMB con un factor de recuperación de 10.3%", *Petroleum Intelligence Weekly*, 2 de abril de 1984.

[292] Instituto de Estudios Políticos, Económicos y Sociales (IEPES) del Partido Revolucionario Institucional, Comisión de Energéticos. *Algunas observaciones sobre el principal potencial petrolero de México, Sonda de Campeche y Mezosoico, Chiapas-Tabasco*, México, 1982 (actualizado en 1984).

un detallado estudio que comprobó que entre las posibles causas, estaba el hecho de que originalmente se habían considerado más tramos de roca productora que las existentes, de ahí la necesidad de revaluar las reservas probadas de tales campos.[293]

En suma, los elementos antes expuestos constituyen antecedentes suficientemente sólidos, como para poner en duda los volúmenes de gas estimados como reservas probadas a fines de 1985.

[293] Sordo, Ana María, *Evaluación...*, *op. cit.*, pp. 66-70.

V. PERSPECTIVAS

La evolución experimentada por la producción de gas natural entre los años 1982 y 1986, permite aseverar que a corto y mediano plazos, ésta difícilmente podría experimentar incrementos, aún modestos, lo que hará aún más serias las dificultades para satisfacer la demanda interna, además del sostenido incremento experimentado por el consumo en los años recientes.

Estas poco halagüeñas perspectivas, acerca de la evolución de la producción de gas natural en los próximos años, son las que se derivan de un somero análisis de los factores considerados como clave, en la determinación de sus niveles. Las perspectivas en la producción de crudo, la disponibilidad de recursos financieros y la evolución de las reservas probadas, y de otros factores de menor relevancia, pero también importantes (como las políticas de precios tanto del gas como del combustóleo, las medidas de protección ambiental, para el Valle de México, y los niveles de eficiencia con que opera la industria), afectarán a la producción de gas natural.

En efecto, las perspectivas de producción de gas natural a corto y mediano plazos, están etrechamente ligadas a los niveles de producción de crudo en la medida en que un poco más de 80% de la producción de gas es asociado.

De acuerdo con las estimaciones realizadas, en relación al probable comportamiento de la producción de crudo, basadas a su vez, en la evolución, en años recientes,[294] es altamente improbable que hasta fines de los ochenta y principios de los noventa, supere el límite potencial de producción de 3 MMBD.

La constante declinación que acusan los principales campos de Reforma y Huimanguillo (Chiapas-Tabasco), en años recientes, se debió a la pérdida de presión, lo que aunado a la inyección tardía de agua y su posterior suspensión, en 1983 y en 1984, y por los inciertos resultados obtenidos, determina que tal declinación a mediano plazo, difícilmente pueda ser evitada en forma sustancial.

Las perspectivas en cuanto a la sonda de Campeche, son inciertas

[294] Sordo, Ana María, *Exploración, reservas...*, *op. cit.*, capítulo IV, conclusiones generales y perspectivas.

y por ende, difíciles de estimar por el comportamiento, algo errático, que ha tenido la producción de crudo a partir de 1982. A fines de 1985, algunos campos continuaban su declinación a un ritmo relativamente elevado (Cantarell, Pol y Chuc),[295] y otros experimentaban sólo leves repuntes (Abkatún), pese a esto y en términos generales, a mediano y largo plazos, los incrementos que podrían obtenerse en la producción de crudo, son modestos.

La importancia que las perspectivas de la producción de crudo, en ambas zonas, poseen en cuanto a las perspectivas de gas, viene dada no sólo por la participación del gas asociado obtenido en el total nacional, sino también por ser consideradas, como la principal zona productora de los futuros y modestos incrementos que Pemex espera obtener de aquí a principios de los noventa —Sonda de Campeche, aunque también de la cuenca del Papaloapan y Ciudad Pemex— y de mantención de los actuales niveles de producción en el caso de Chiapas-Tabasco.

Las serias restricciones presupuestales impuestas, y lo poco auspicioso del mercado internacional de crudo, hacen altamente improbable que Pemex se embarque en intensos programas de exploración en los próximos cinco-diez años, por lo que lo más probable será que ni siquiera los programas de exploración, implementados, compensen los volúmenes correspondientes de reservas extraídas. En efecto, tanto las reservas probadas de Chicontepec, que en caso del gas cuentan con casi 25% del total, son actualmente y serían incluso hasta mediados de los noventa, de costosa extracción; asimismo, los recientes descubrimientos se encuentran a profundidades tales que se requiere de equipo más complejo, lo que implica inversiones cada vez mayores y remite a uno de los problemas centrales que habrá de hacer frente la industria petrolera, en general, y la del gas, en particular: la penuria de recursos financieros y económicos. Al respecto, ciertas consideraciones generales permiten señalar que la reducción en un dólar en el precio del crudo, reduce en aproximadamente 500 millones de dólares los ingresos en divisas, mientras que, por su parte, el incremento en 1% de la tasa de interés, implica que la deuda externa de México crece en alrededor de 800 millones de dólares.

Las variaciones de ambos factores son impredecibles, pero lo cierto es que aun cuando, en el mejor de los casos, el precio del crudo aumentara paulatinamente, de aquí a principios de los noventa, aún de-

[295] A la pregunta, hecha a Mario Ramón Beteta por el equipo editorial del PIW ¿Cómo determinaron a ustedes las actuales cifras respecto de las reservas?, éste —paradójicamente— contestó: "... El incremento en las reservas probadas —se refiere a las reservas estimadas en 72.5 a fines de 1983, superior a los 50 MMMB, estimados a fines de 1981—, es básicamente atribuida al área de Villahermosa, en Tabasco, y a una revisión hacia arriba del campo supergigante Cantarell sobre la base de su rendimiento productivo".

bería darse, o una mantención o disminución en las tasas de interés para que el efecto de resultado positivo del incremento de precios, no fuese anulado, e incluso suponiendo un escenario favorable, ésta impredictibilidad hace que la incertidumbre fiscal sea sumamente alta. Uno de los resultados de este cuadro de restricciones financieras, son las limitaciones presupuestales que han afectado y afectarán a Pemex en años venideros, pese a que en 1987, y particularmente, para 1988, hay indicios de cambios en la percepción, por parte del gobierno, respecto a lo prioritario y urgente que se vuelve, destinar mayores recursos a las actividades de exploración y explotación.

Las necesidades de mayores recursos para la mantención de los niveles de producción actuales de gas (y crudo), no sólo vienen dados por las ingentes necesidades de explorar, más aún si se tiene en cuenta que solamente alrededor de 25% del territorio, con posibilidades de acumulación, ha sido explorado, sino también por los necesarios remplazos de un considerable número de equipos obsoletos.[296]

Conscientes, en mayor o menor grado, de las dificultades que a corto y mediano plazos generará en el aprovisionamiento interno, la disminución, o la mantención de los niveles de producción de gas, Pemex y distintas secretarías de Estado, involucrados, han procedido desde 1982, a un aumento sostenido en el precio, de productos petroleros de consumo masivo lo que aunado a los menores incrementos otorgados al combustóleo, tenderían a disminuir la presión que habrá de ejercer el consumo sobre la oferta, al menos la proveniente del sector industrial. Efecto contrario, tendrá la aplicación de normas tendientes a sustituir el uso del combustóleo por gas en el Valle de México, no sólo en la termoeléctrica allí ubicada, sino también en diversas plantas industriales y servicios comerciales.[297]

La situación antes descrita, elimina casi por completo las posibilidades de exportación de gas natural, las que se ven descartadas totalmente, en el corto y mediano plazos, ante el exceso de oferta (gas bubble), que aún persiste en Estados Unidos el mercado "natural" para el gas mexicano. Tal vez, y en los mismos plazos, lo más probable es que las importaciones mexicanas de gas natural (noroeste y noreste), tiendan a aumentar.

Finalmente, si las perspectivas citadas dan cuenta de un cuadro preocupante, respecto a los niveles de producción de gas natural a corto y mediano plazos, es también un hecho, y cabe reiterarlo, que se estima que sólo 25% del territorio y zonas marinas con posibilidades de acu-

[296] Sordo, Ana María, *Exploración, reservas*..., *op. cit.*, capítulo IV, conclusiones generales y perspectivas.

[297] *Diario Oficial*, 14 de febrero de 1986. Véase también, *La Jornada*, "Subsidiaría el Estado a fábricas que cambien de combustóleo a gas", 29 de abril de 1986.

mulación de hidrocarburos, han sido explorados, lo que en otras palabras, significa que la vastedad de regiones aún no exploradas —incluso en algunas de las cuales existen, manifestaciones de hidrocarburos—, permiten afirmar que existen posibilidades de descubrir un cierto número de yacimientos que harían factible mantener las reservas a un nivel aceptable y una elevada capacidad de producción, aún dentro de las limitaciones financieras y técnicas. Al respecto, es un hecho que tanto el nivel de eficiencia, en el uso de instalaciones, equipos y recursos financieros y humanos, como asimismo, la estricta aplicación de programas de conservación y uso eficiente de la energía, atenuarían en forma significativa por un lado, la escasez de recursos, y por otro, contribuirían a corregir una estructura de consumo deformada, con respecto a la disponibilidad de recursos energéticos que posee el país.

VI. CONCLUSIONES

Los primeros pasos dados en México para el aprovechamiento y utilización del gas natural, se sitúan a mediados de los cuarenta, aunque no es, sino a partir de los cincuenta y en particular de los sesenta, en que estimulada por el proceso de crecimiento industrial, y en especial debido al vigoroso impulso otorgado a la petroquímica, se sientan las bases para el desarrollo de la industria de gas natural en el país.

A lo largo de estos años, y hasta principios de los ochenta no sólo las reservas y producción de gas natural experimentan un notable crecimiento en términos absolutos, sino además se amplía la red de gasoductos y líneas de distribución, incrementándose, en consecuencia, las ventas internas de este fluido.

En 1970, la participación relativa de gas natural, como fuente de energía primaria, superaba 30%, lo que la ubicaba como la segunda en importancia después del crudo en el balance energético nacional. Sin embargo, el dinamismo adquirido por el consumo, desde mediados de los sesenta, superior al que habían experimentado las reservas y producción, confrontarían al país a serios problemas de déficit del fluido en el corto plazo, en forma análoga a los que se planteaba para el crudo.

El descubrimiento de vastos y ricos yacimientos hecho público en 1976 —conocidos desde 1974—, a la vez que señalaba la desaparición del peligro de perder la autosuficiencia en hidrocarburos, sentó las bases para hacer del petróleo el eje central, en torno a los cuales se delinearon los programas y planes de desarrollo económicos, insertos en los patrones de acumulación y reproducción elegidos entonces. La magnitud de las reservas de hidrocarburos, las hacían aparecer como la fuente principal de financiamiento del proceso de crecimiento propugnado, merced a los crecientes volúmenes de petróleo exportables, en circunstancias en que el mundo en general, hacía frente a una profunda aunque breve crisis energética.

Al igual que en otros países poseedores de hidrocarburos, el gas natural en México fue considerado hasta los años cincuenta como un subproducto del petróleo. Tal percepción fue paulatinamente cambiada, debido entre otros factores, a la participación creciente de gas asociado en el total del gas producido. De una participación repartida en términos similares, entre gas no asociado y asociado, a principios de los setenta, pasó a ser de 40 y 60%, a fines de 1976, para llegar a 20 y 80%, a fines de 1985, respectivamente. En forma paralela al ascenso que experimentaba la producción de gas asociado, se produjeron dos fenómenos de importancia. El primero, fue el desplazamiento, en términos geográficos, de las principales zonas productoras y el segundo, el incremento en los volúmenes de gas quemado o enviado a la atmósfera. A partir de 1976 y 1977, ambos fenómenos harían resurgir, con mayor ímpetu que antaño y que en el pasado reciente, problemas a los cuales ya se había enfrentado Pemex, a saber, el aprovechamiento de gas producido y su transporte y distribución.

El intenso ritmo impuesto a la explotación de crudo a partir de 1976, no fue, desafortunadamente, acompañado de esfuerzos y recursos suficientes que permitieran el aprovechamiento de gas asociado producido, resultado del ritmo, incluso febril, que se otorgó a la explotación de crudo.

Si bien, los elevados volúmenes de gas quemado en 1970, 26% de la producción total, disminuyeron a 17, a fines de 1977, la quema de gas continuó siendo alta, en términos absolutos, pues representaba el equivalente a 40% del total destinado a ventas internas. En 1982, se obtuvo la más alta producción de gas jamás registrada, la situación empeoró, pues si bien la quema, en términos relativos, había descendido a 15%, los volúmenes quemados equivalían a 47% (600 MMPCD) del total destinado a ventas internas.

Las razones que explican los elevados volúmenes de gas natural quemado, a lo largo del sexenio 1976-1982, se encuentran fundamentalmente en la ausencia de planes, programas y medios, que acordes a los establecidos para el crudo, posibilitaran un aprovechamiento mayor del gas asociado. Los aumentos en las capacidades nominales de las plantas de absorción, criogénicas y endulzadoras, como también en los sistemas de recolección, resultaron, en ciertos casos, insuficientes para atender los requerimientos que se derivaban del sostenido incremento en la producción de gas asociado, o en otros, eran instalados en forma tardía. Ciertamente, aquello era responsabilidad de Pemex, pero en la medida en que daba muestras evidentes de un uso dispendioso y poco racional de la energía, era también responsabilidad del gobierno (SEMIP entre otras secretarías).

El desaprovechamiento o quema de gas natural, materializado en las insuficientes capacidades nominales existentes, la tardanza en su puesta en operación, e incluso sus frecuentes interrupciones, reflejó además, una falta de previsión difícilmente explicable por falta de recursos, elemento que en cierta medida sí explica el desaprovechamiento que se hacía del gas en el sexenio, 1970-1976, y que a su vez, implicó que un cierto rezago —en cuanto a las capacidades en las unidades de procesamiento y sistemas de recolección—, fuese heredado por la administración de Díaz Serrano.

La prioridad, entonces, era el crudo, pero aun cuando aquello era aceptable dada la crisis económica, a la cual debía hacer frente México, no existían razones válidas que justificaran los altos volúmenes de gas quemado, a inicios del sexenio de López Portillo y su mantención incluso más allá de 1982, en que la capacidad y experiencia logradas por Pemex, después de cinco o seis años de intensa actividad, podía suponerse como adquirida.

Pero los problemas derivados de un crecimiento formidable en la producción de gas, desde mediados de los setenta, no terminaban allí, pues creaban nuevos retos a Pemex, en términos del transporte y distribución del fluido. El desplazamiento geográfico de las zonas productoras más importantes al sur del país, hizo necesario, no sólo extender las redes de gasoductos sino también, aumentar las capacidades de conducción de las líneas. Efectivamente, la red de gasoductos se extendió en forma considerable, multiplicándose casi por tres, estableciéndose a fines de 1985, una red de gasoductos en operación cercana a los 13 000 km, conformada por cinco sistemas troncales que abastecían una extensa franja del territorio que abarcaba poblaciones localizadas entre la península de Yucatán, hasta la fronteriza Ciudad Juárez y casi todas las concentraciones urbanas de la República, con excepción de la región del litoral del Pacífico. A mayores volúmenes de gas por conducir, hubo a su vez, necesidad de incrementar los diámetros de los gasoductos, lo que si bien estimuló la fabricación nacional de tuberías de diámetros de incluso hasta de 36 plg, propició también la importación, en gran parte cuestionable, de tuberías de 42 y 48 plg. No obstante, tal expansión del sistema de conducción de gas, en longitud y diámetros, que permitió que esta fase de la industria del gas no se constituyera, en términos generales, en un obstáculo para una distribución oportuna del gas disponible, fue lograda a un costo muy elevado y a la existencia, a fines de 1985, de abultadas y ociosas capacidades de distribución. Este elevado costo y la existencia de una importante capacidad económica ociosa, en los gasoductos, se deben casi en su totalidad a la expansión otorgada a los gasoductos a partir de 1977, basada en expectativas excesivamente optimistas, respecto a las disponibilidades reales de gas natural en años venideros. El más claro ejemplo de esto, aunque no el único, lo constituyó el polémico gasoducto de 48 plg entre Cactus-Reynosa, el que supuestamente permitiría la exportación a Estados Unidos de volúmenes masivos de gas natural excedentes, a partir de 1980, y que después de terminado, jamás condujo ni siquiera la tercera parte de los volúmenes para los cuales fue construido y solamente se exportaron en forma temporal 300 MMPCD.

Las mismas expectativas excesivamente optimistas, generadas en 1976, con el descubrimiento de campos poseedores de una alta relación gas/aceite en Reforma-Chiapas y presunciones algo parecidas —pero no hechas públicas—, respecto a Campeche, dio pie a que Pemex iniciara negociaciones con empresas norteamericanas a principios de 1977, por la venta de volúmenes masivos de gas natural excedentes, al vecino país del norte. Tendrían que pasar más de dos años para que las complejas y difíciles negociaciones fructificaran y se lograra un acuerdo, aunque ya no se trataba de volúmenes masivos. Estas negociaciones, fundadas en un auténtico vicio de origen, en la medida en que jamás existieron los volúmenes masivos de gas excedente ofrecidos, constituyen un caso de excepcional interés por la diversidad de intereses en juego y lo complejo de las relaciones bilaterales entre México y Estados Unidos. El resultado, sin duda, puede ser calificado como un fracaso comercial por parte de los negociadores mexicanos, pero una solución diplomática políticamente *aceptable* de considerarse los contextos, político y económico, en los cuales se gestaron, desarrollaron y culminaron las negociaciones, lo que resultó a la postre beneficioso debido a la escasa disponibilidad real de gas para exportación, y su elevada demanda en México.

La evolución de las ventas internas de gas natural, a lo largo del periodo abordado, varió en forma similar a la experimentada por la disponibilidad del fluido, e incluso las participaciones relativas de los sectores, industrial, eléctrico y residencial, prácticamente se mantuvieron, aun cuando a partir de 1982, se dan los primeros pasos serios para eliminar los subsidios y adoptar una política de precios del fluido más acorde con la situación económica y financiera del país en general, y de Pemex en particular, lo que en otras palabras, significa la determinación de precios basados en criterios realistas conduciendo al aumento progresivo.

El extraordinario incremento logrado en la producción de gas, a partir de 1976, parece haber alcanzado su máximo en 1982, a partir del cual, se inicia un paulatino, pero constante descenso y que hasta fines de 1986, aún continuaba. Tal fenómeno no deja de ser sorprendente en la medida en que, por el contrario, el aumento en las reservas probadas, por lo menos hasta 1983, había sido sostenido y los descensos registrados en los años siguientes —hasta 1986 incluido—, son inferiores a 0.6% en promedio. Esta peculiar relación entre reservas y producción, además de otros elementos suficientemente sólidos considerados, sugieren que los volúmenes de reservas probadas estimadas por Pemex, a fines de 1985, son cuestionables. Tal vez sería adecuada una revisión tal como sucedió en 1982 con las reservas de gas natural de la cuenca de Sabinas, toda vez que es consenso generalizado el carácter dinámico, del cual el concepto de reservas probadas está imbuido. Es reiterativo señalar la importancia de conocer, con grados de confiabilidad adecuados, los volúmenes de reservas probadas con los cuales se cuenta, más aún, cuando las perspectivas a corto y mediano plazos señalan, en forma inequívoca, que México se verá confrontado a dificultades aún mayores que en el pasado reciente, en lo que respecta a la disponibilidad de gas natural, debido al sostenido crecimiento que experimenta actualmente el consumo, frente a una producción estancada. Contar con estimaciones confiables con respecto a las reservas de gas natural, reflejará con mayor agudeza aún, la necesidad no sólo de canalizar recursos mayores a las actividades exploratorias, sino además, la necesidad de impulsar programas eficaces y realistas para estimular un uso más eficiente del gas tanto en la economía en su conjunto, como también en Pemex. De eso dependerá, entre otros factores, el nivel y grado de contribución del gas, en la búsqueda de una salida a largo plazo de la crisis económica, cuya continuación se vislumbra para un futuro cercano.

ANEXO ESTADÍSTICO

Cuadro 1
Consumo de energía primaria mundial por regiones, 1985

(millones de toneladas de petróleo equivalente-MMTPE)[a]

	Petróleo	*Gas natural*	*Carbón*	*Hidroelectricidad*	*Nuclear*	*Total*
América Latina[b]	209.5	69.9	25.0	75.2	1.3	380.9
América del Norte	791.8	494.9	473.9	146.8	118.6	2 026.0
(Estados Unidos)	(724.1)	(444.5)	(443.3)	(82.9)	(104.6)	(1 799.4)
(Canadá)	(67.7)	(50.4)	(30.6)	(63.9)	(14.0)	(266.6)
Australasia[c]	30.8	15.7	36.1	8.8	—	91.4
Japón	201.3	36.0	72.6	21.8	33.6	365.3
Europa Occidental	566.8	192.5	254.8	99.0	123.0	1 236.1
Otros países con economías de mercado[d]	349.6	101.2	213.4	45.8	13.5	723.5
Países con economías centralmente planificadas[e]	659.6	581.6	1 202.0	100.8	47.1	2 591.1
(URSS)	(447.7)	(447.2)	(361.9)	(53.5)	(36.0)	(1 376.3)
Total mundial	2 809.4	1 491.8	2 277.8	498.2	337.1	7 414.3

[a] Según la fuente utilizada 1 MMTPE equivale aproximadamente a 39.2×10^9 PC y 40×10^{12} BTU.
[b] Incluye a México, el Caribe, América del Sur y Central. Excluye a Cuba.
[c] Incluye a Australia y Nueva Zelanda.
[d] Incluye a Chipre, Gibraltar, Malta, Medio Oriente, África, sur de Asia y sudeste Asiático.
[e] Incluye a China y al resto de los países socialistas, la URSS ya mencionada.

Fuente: British Petroleum (B.P.), *Statistical Review of World Energy*, junio, 1986; la fuente utiliza el término Non-Communist World (NCW), el que el autor sustituyó por "Países con economías de mercado".

Cuadro 2
Reservas probadas de gas natural por regiones, 1985

(billones de pies cúbicos-BPC y billones de metros cúbicos-Bm³

	BPC[a]	*Bm³*
América Latina[b]	189.4	5.4
América del Norte	296.7	8.4
(Estados Unidos)	(197.0	(5.6)
(Canadá)	(99.7)	(2.8)
Asia y Australia	166.1	4.6
Europa Occidental	216.3	6.1
Medio Oriente	855.9	24.2
África	198.4	5.5
Países con economías centralmente planificadas	1 546.0	43.8
(URSS)	(1 500.0)	(42.5)
Total mundial	3 468.8	98.0

[a] Un billón (10^{12}) de pies cúbicos de gas natural = 26 MMTPE.
[b] Excluye a Cuba.
Fuente: B.P., *op. cit.*, p. 22.

Cuadro 3
Principales productores de gas natural en el mundo, 1985

(millones de toneladas de petróleo equivalente-MMTPE) y millones de pies cúbicos diarios-MMPCD)

País	*MMTPE*	*MMPCD*[a]	*Porcentaje del total*
URSS	578.6	64 300	37.7
Estados Unidos	422.3	46 794	27.5
Canadá	66.9	8 443	4.3
Holanda	65.7	8 064	4.4
Reino Unido	31.7	4 295	2.1
Argelia	35.4	3 850	2.3
Indonesia	29.4	3 476	1.9
México	28.0	2 699	1.8
Noruega	24.0	2 655	1.6

[a] Aproximado. Un metro cúbico igual a 35.3147 pies cúbicos.
Fuentes: B.P., *Statistical Review of World Energy*, junio, 1986 y *Petroleum Economist*, vol. LIII, núm. 8, The Petroleum Press, Bureo, Ltd., agosto de 1986, p. 283.

Cuadro 4
Principales países consumidores de gas natural, 1985

(millones de toneladas de petróleo equivalente-MMTPE)[a]

País	*Volumen*	*Porcentaje del total*
URSS	477.2	32.0
Estados Unidos	444.5	29.8
Canadá	50.4	3.4
Reino Unido	47.9	3.2
Rep. Federal de Alemania	41.4	2.8
Japón	36.0	2.4
Holanda	33.0	2.2
Rumania[b]	27.	1.8
México	24.1	1.6
Otros	310.3	20.8
Total mundial	1 491.8	100.0

[a] Según la fuente utilizada 1 MMTPE equivale aproximadamente a 39.2×10^9 PC y 40×10^{12} BTU.
[b] Estimado.

Fuentes: B.P. *Stastistical Review of World Energy*, junio, 1986 y Pemex *Memoria de labores, 1985*, México, 1986.

Cuadro 5
Principales importadores y exportadores de gas natural, 1985

(millones de pies cúbicos diarios-MMPCD)

	Importaciones (MMPCD)	*Porcentaje*
Alemania Federal	1 451.7	18.0
Japón	1 313.7	16.3
Estados Unidos	948.4	11.7
Francia	907.8	11.2
Italia	686.4	8.5
Reino Unido	478.4	5.9
Checoslovaquia	399.0	4.9
Bélgica	322.7	4.0
Otros (22 países)	1 572.8	19.5
Total	8 080.9	100.0

Cuadro 5
(continuación)

	Exportaciones (MMPCD)	*Porcentaje*
Unión Soviética	2 430.5	30.1
Holanda	1 471.1	18.2
Canadá	923.3	11.4
Noruega	907.0	11.2
Argelia	760.4	9.4
Indonesia	704.4	8.7
Otros (11 países)	883.4	11.0
Total	8 080.9	100.0

Fuente: *International Gas Report*, núm. 085, 17 de julio, 1987. Financial Times, Londres, Inglaterra.

Cuadro 6
Reservas totales de hidrocarburos, en México, 1938-1970[a]
(millones de barriles-MMB)

	Aceite	*Condensado*	*Gas natural[b]*	*Total[c]*
1938[d]	—	—	—	1 276
1940[d]	—	—	—	1 225
1946[d]	—	—	—	1 437
1952[d]	—	—	—	2 241
1985[d]	—	—	—	4 070
1964	2 581.084	344.184	2 302.0	5 227
1965	2 581.084	333.888	2 250.1	5 078
1966	2 650.349	362.033	2 344.6	5 357
1967	2 708.409	407.336	2 370.1	5 486
1968	2 744.122	422.510	2 363.8	5 530
1969	2 823.538	418.582	2 328.0	5 570
1970	2 879.652	408.719	2 279.1	5 568

[a] Al 31 de diciembre de cada año en México.
[b] Un barril de crudo equivale a 5 000 pies cúbicos de gas.
[c] Cifras redondeadas.
[d] Sólo disponible en volúmenes totales.
Fuentes: Pemex, *Memoria de labores, 1964-1970* y Pemex, *Anuario estadístico, 1984*, México, 1985.

Cuadro 7
Volumen de ventas internas (Pemex) de los principales productos petrolíferos, 1940-1970

(miles de barriles diarios-MBD)

	1940	*1946*	*1952*	*1958*	*1964*	*1968*
Gas licuado	0.0	0.1	2.2	8.3	20.0	29.2
Gasolinas	9.2	20.1	42.7	67.4	92.0	121.8
Turbosina	—	—	—	—	2.5	6.5
Otras querosinas[a]	2.7	7.3	16.2	26.2	30.2	31.4
Dísel	1.8	3.7	11.8	25.9	49.1	60.4
Combustóleo	35.8	57.8	65.2	69.2	55.2	65.2
Lubricantes	0.4	0.5	0.7	2.2	3.2	2.9
Asfaltos	1.4	1.3	2.8	4.2	6.1	8.4
Gas natural[b]	0	n.s.	6.7	19.2	72.2	94.9
(MMPCD)	—	—	46.5	130.4	492.5	644.8

[a] Estimado. No incluye grasas ni parafinas.
[b] 6 794 pie^3 de gas natural seco = 1 barril de combustóleo.
5 000 pie^3 de gas natural húmedo = 1 barril de crudo.

Fuente: Pemex, *Anuario estadístico, 1985*. México, 1986.

Cuadro 8
Exportaciones e importaciones[a] de gas natural, 1940-1968

(millones de pies cúbicos diarios-MMPCD)

Año	*Exportaciones*	*Importaciones*	*Saldo*
1940	—	16.5	(— 16.5)
1946	—	43.5	(— 43.5)
1952	—	51.7	(— 51.7)
1958	131.8	29.7	101.3
1964	151.3	27.5	123.8
1968	118.0	43.1	74.9

[a] Efectuadas por particulares.
Fuente: Pemex, *Anuario estadístico, 1979*, México, 1980.

Cuadro 9
Evolución de la producción y consumo nacionales aparentes de gas natural, 1965-1970

	Producción (MMPCD)	*Variación (%)*	*Consumo nacional aparente*[a] *(MMPCD)*	*Variación (%)*
1965	1 351.1	—	1 238.8	—
1966	1 449.6	7.29	1 359.8	9,8
1967	1 569.4	8.25	1 472.1	8.3
1968	1 576.1	0.70	1 483.2	6.6
1969	1 668.6	5.58	1 581.1	5.9
1970	1 822.0	9.19	1 752.0	10.6

[a] Producción + importaciones-exportaciones.

Fuentes: Pemex, *Memoria de labores, 1965-1970*; y Pemex, *Anuario estadístico, 1980*, México, 1981.

Cuadro 10
Resumen de la actividad exploratoria por periodos sexenales, 1938-1970

Sexenios	*Perforación de pozos* *Pemex*	*Contratistas*	*Total*	*Incremento %*	*Éxito %*	*Kilómetros perforados*	*Variación de Reservas probadas de hidrocarburos (MMB)*
1938-1940	6	—	6	—	50.0	8	—44
1941-1946	39	—	39	550.0	16.0	44	216
1947-1952	176	110	286	633.3	35.0	506	846
1953-1958	520	70	590	106.3	30.0	1,060	1,882
1959-1964	216	521	737	24.9	22.0	1,534	1,229
1965-1970	779	68	847	14.9	29.0	2,513	423

Fuentes: con base en datos de IMP, *Estadística de uso interno*, mimeo., México, 1981 y Pemex, *Anuario estadístico, 1983*, México, 1984.

Cuadro 11
Importancia de las zonas y distritos en la producción de gas natural, 1965-1970

(millones de metros cúbicos-MMm³)[a]

Distritos	*Zona Norte*					*Zona Centro*				*Zona Sur*				*Total*
	FNE	*Norte*	*Sur*	*S. Tot.*	*%*	*Poza Rica*	*C. del P.*	*S. Tot.*	*%*	*Istmo*	*Tabasco*	*S. Tot.*	*%*	
1965	4 720	379	361	5 460	39.0	1 565	97	1 662	12.0	153	6 689	6 842	49.0	13 964
1966	5 066	384	399	5 849	39.0	1 999	117	2 116	14.0	178	6 840	7 018	47.0	14 983
1967	5 313	410	391	6 114	38.0	2 607	255	2 862	17.0	194	7 057	7 245	45.0	16 221
1968	5 430	432	390	6 252	38.0	2 435	285	2 720	17.0	274	7 089	7 363	45.0	16 336
1969	5 750	545	410	6 705	39.0	2 575	391	2 966	17.0	1 683	5 893	7 576	44.0	17 247
1970	6 213	510	421	7 144	38.0	3 207	393	3 600	19.0	1 629	6 459	8 088	43.0	18 832

[a] Un metro cúbico equivale a 35.314 pies cúbicos.
[b] Cuenca del Papaloapan.
Fuente: Pemex, *Anuario estadístico, 1984*, México, 1986.

Cuadro 12
Producción y consumo nacionales aparentes de productos petroquímicos básicos, 1960-1970

(millones de toneladas-MM ton)

Año	*Producción*	*Importaciones*[a]	*Exportaciones*	*Consumo nacional aparente*[b]	*Variación (%)*
1960	56.1	129.0	—	185.6	
1970	1 931.1	276.2	66.9	1 559.7	

[a] Incluye importaciones de Pemex y particulares.
[b] El consumo nacional aparente está integrado por la producción bruta y las importaciones, menos el anhídrido carbónico no consumido, las exportaciones y la variación de inventarios.
Fuentes: Pemex, *Memoria de labores, 1970 y 1971*, México; IMP, *Desarrollo y perspectivas del sector secundario de la industria petroquímica*, México, 1973.

Cuadro 13
Producción, consumo y demanda de gas, 1970-1976

(millones de pies cúbicos diarios-MMPCD)[c]

	Producción	*Consumo nacional*[a]	*Demanda nacional*[b]	*Demanda insatisfecha de gas nacional*
1970	1 808	1 184.2	1 331.2	147.0
1971	1 763	1 212.1	1 341.5	129.4
1972	1 809	1 300.2	1 415.1	114.9
1973	1 854	1 443.9	1 511.1	67.2
1974	2 040	1 460.5	1 513.8	53.3
1975	2 155	1 483.5	1 636.8	153.3
1976	2 109	1 440.5	1 759.0	318.5

[a] Pemex; incluye ventas internas, importaciones y consumo interno.
[b] Estimación hecha por el Instituto Mexicano del Petróleo, División de Planeación de Petroquímica, considerando como demanda nacional el volumen teórico de gas necesario para satisfacer los requerimientos internos de la industria petrolera y de ventas.
[c] Se refiere casi totalmente a aquella demanda que solicitan adicionalmente los consumidores (industrial y residencial), que ya están conectados a los sistemas de conducción de gas.
Fuentes: IMP, Subdirección de Estudios Económicos y Planeación Industrial, *Plan de Desarrollo de la Industria Petrolera y Petroquímica Básica, 1976-1985*, t. 4; Sector de Explotación, México, 1975; Pemex. *Memoria de labores, 1970-1976* y Pemex, *Anuario estadístico, 1977*, México, 1978.

Cuadro 14
Pozos de desarrollo, 1970

Año	*Aceite*	*Gas*	*Improductivos*	*Totel*
1970	262	53	78	393

Fuente: Pemex, *Memoria de labores, 1970*, México, 1971.

Cuadro 15
Relación entre pasivo e ingresos[a], 1958-1973
(millones de pesos)

	1958	*1964*	*1970*	*1973*
Pasivo total	4 095.90	5 463.04	13 158.20	20 339.30
Ingresos totales propios	4 120.44	7 431.91	14 116.00	20 189.37

[a] Las cifras incluyen los pasivos por impuestos, que fueron capitalizados al final del año respectivo.
Fuente: Bermúdez, Antonio J., *La política petrolera mexicana*, Joaquín Mortiz, México, 1976, p. 92.

Cuadro 16
Reservas probadas de hidrocarburos totales al 31 de diciembre de 1976[1]
(millones de barriles-MMB)

Reservas probadas desarrolladas[2]	6 572
Reservas probadas en desarrollo	2 034
Reservas probadas secundarias[3]	11 160

[1] Incluye las reservas probadas de gas seco, en su equivalente al poder calorífico del aceite crudo.
[2] Esta cifra comprende 5 434 MMB, obtenibles por explotación primaria y 1 138 MMB de procesos de recuperación secundaria, que se encuentran en operación en los campos Tamaulipas-constituciones, Poza Rica, San Andrés y La Venta.
[3] Volumen recuperable de hidrocarburos en cuanto inicien su operación los sistemas de recuperación secundaria en proceso de construcción.
Fuente: Pemex, *Memoria de labores, 1976*, México, 1977.

Cuadro 17
Importaciones de gas natural, 1965-1972

(millones de pies cúbicos-MMPC)

1965	9 747
1966	12 254
1967	18 046
1968	15 715
1969	16 951
1970	17 834
1971	19 387
1972	15 821

Fuente: Pemex, *Anuario estadístico, 1980*, México, 1981.

Cuadro 18
Perforación exploratoria por distritos, 1970-1976

(número de pozos terminados)

Año	*Noreste*	*Ébano*	*Cerro Azul*	*Poza Rica*	*Veracruz*	*Zona Sur*	*Total*
1970	40	13	13	12	3	48	129
1971	37	13	14	18	3	44	129
1972	51	10	16	10	7	48	142
1973	25	10	3	8	8	49	103
1974	26	9	5	12	10	38	98
1975	31	7	1	6	8	34	85
1976	36	8	—	5	10	20	79

Fuente: IMP, *Estadística de uso interno*, México, 1981.

Cuadro 19
Número de pozos de desarrollo de gas por distrito, 1970-1976

Año	*Total*	*Noreste*	*Ébano*	*C. Azul*	*P. Rica*	*Veracruz*	*Z. Sur**
1970	53	48	—	—	—	—	5
1971	46	39	—	—	1	1	5
1972	27	22	—	—	—	—	5
1973	34	30	—	—	—	—	4
1974	33	30	—	—	—	—	3
1975	29	29	—	—	—	—	—
1976	43	40	—	—	—	1	2

* Ciudad Pemex.

Fuente: Pemex, *Memoria de labores, 1970-1976*, México.

Cuadro 20
Pozos exploratorios perforados por zonas, 1938-1970

Años	*Noreste*	*Norte*	*Centro (Poza Rica)*	*Sur*	*Total del país*
1938-1940	2	2	1	1	6
1941-1946	7	11	7	14	39
1947-1952	60	104	36	86	289
1953-1958	110	150	176	154	590
1959-1964	199	175	131	232	737
1965-1970	253	155	136	303	847

Fuente: IMP, *Estadística de uso interno*, México, 1981.

Cuadro 21
Distrito Frontera Noreste, 1970-1976

	Perforación exploratoria, núm. de pozos	*Perforación de desarrollo, núm. de pozos*	*Producción (variación anual) %*	*Reservas probadas de gas, Zona Norte (variación anual) %*
1970	40	76	—	
1971	37	57	—3.1	2.2
1972	51	33	3.0	—0.5
1973	27	50	0.0	2.3
1974	26	47	—8.0	5.1
1975	31	42	—15.2	3.0
1976	36	54	—6.0	

Fuentes: Pemex, *Anuario estadístico, 1982*, México, 1983 y Pemex, *Memoria de labores, 1970*, México, 1976.

Cuadro 22
Poza Rica: relación gas/aceite, 1970-1976

Año	*Producción de aceite*[1] *(MMB)*	*Producción de gas natural*[2] *(MMPC)*	*Relación gas/aceite (PC/B)*
1970	60.9	113 252.0	1 859.6
1971	55.1	98 490.7	1 787.5
1972	53.2	83 199.8	1 569.4
1973	50.1	74 300.7	1 660.7
1974	51.6	69 074.2	1 439.9
1975	51.9	57 455.9	1 107.1
1976	49.2	54 136.7	1 100.3

[1] Incluye condensado.
[1] Incluye Nueva Faja de Oro.

Fuente: Pemex, *Anuario estadístico, 1984*, México, 1985.

Cuadro 23
Poza Rica: pozos perforados, 1970-1976*

Año	*Perforación exploratoria, núm. de pozos*	*Perforación de desarrollo, núm. de pozos*	*Producción (variación anual) %*	*Reservas probadas (variación anual) %*
1970	12	68		
1971	18	58	—13.0	—2.0
1972	10	52	—15.5	—2.4
1973	8	76	—10.7	—2.2
1974	12	54	— 7.0	—1.4
1975	6	41	—17.0	1.7
1976	5	44	— 6.0	2.5

* Incluye pozos de aceite y gas.

Fuentes: Pemex, *Memoria de labores, 1970-1976*, México y Pemex, *Anuario estadístico, 1977*. México, 1978.

Cuadro 24
Zona Sur: pozos perforados, 1970-1976*

Año	*Perforación exploratoria, núm. de pozos*	*Perforación de desarrollo, núm. de pozos*	*Producción (incremento anual) %*	*Reservas probadas (variación anual) %*
1970	50	219		
1971	44	257	1.4	—9.0
1972	48	182	5.6	—3.0
1973	46	158	7.5	1.0
1974	38	169	24.0	5.0
1975	34	129	19.0	6.5
1976	20	112	0.3	62.0

* Incluye pozos de aceite y gas.

Fuentes: Pemex, *Memoria de labores, 1970-1976*, México y Pemex, *Anuario estadístico, 1977*. México, 1978.

Cuadro 25
Consumo[a] de combustóleo y gas natural, 1970-1976.

(miles de barriles)

Año	*Combustóleo*		*Gas natural[b]*	
	Volumen	*%*	*Volumen*	*%*
1970	28 648	—	41 533	—
1971	33 158	16	44 453	7
1972	38 779	17	45 532	2
1973	39 845	3	49 788	9
1974	51 785	30	48 673	—2
1975	59 883	16	51 961	7
1976	71 412	19	49 145	5

[a] Las cifras expuestas corresponden a los volúmenes entregados a ventas internas.

[b] Equivalente a combustóleo. Un barril de combustóleo equivale a 6 783 pies cúbicos de gas natural, el cual tiene a su vez un poder calorífico de 950 BTU/PC (8 460 kcal/m^3).

Fuente: Pemex, *Anuario estadístico, 1980*, México, 1981.

Gráfica 2
Consumo diario de gas y de combustóleo en México, 1950-1975
(miles de metros cúbicos de petróleo crudo equivalente)

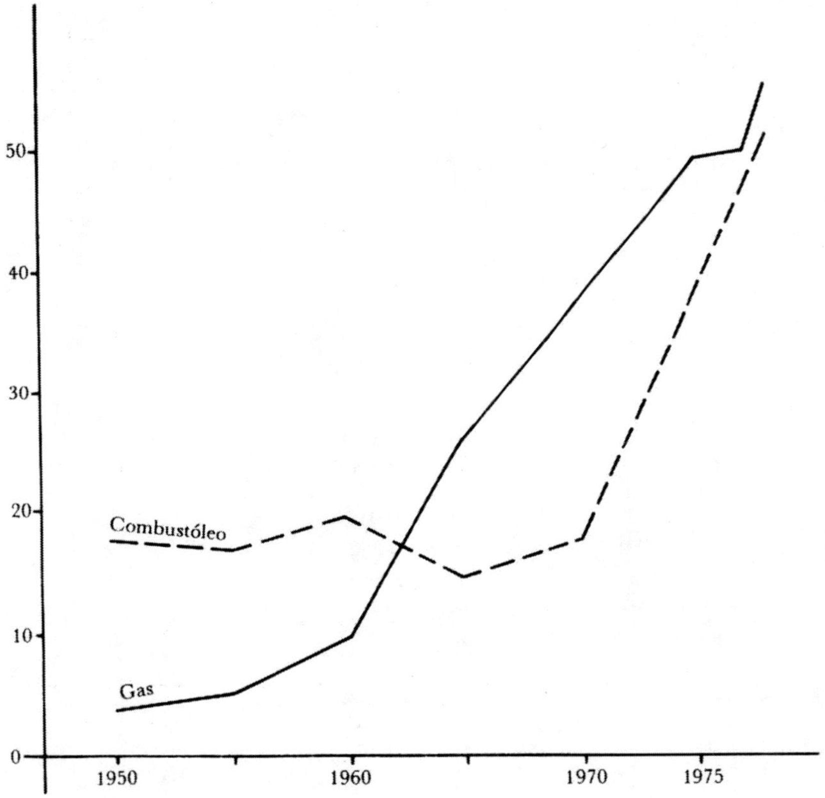

Fuente: Puente Leyva, Jesús. *El gas natural. Negociación México-Estados Unidos* (mimeo.), México, 1980.
En 1975, se tuvo un consumo nacional aparente (CNA) de 195 MBPD[2] 31 Mm^3/día según Pemex (Michele Snoeck).

Cuadro 26

Procesamiento de gas nautural, planta de absorción, distrito Poza Rica,[a] capacidad instalada, volumen procesado y rendimiento, 1970-1975

(millones de pies cúbicos diarios-MMPCD a 20°C y kg/cm²)

Año	*Capacidad[b] instalada*	*Gas húmedo procesado*	*Gas seco obtenido*	*Utilización de capacidad instalada (%)*
1970	230	245.4	213.0	105.9
1971	230	240.0	211.6	103.7
1972	230	237.1	208.6	102.1
1973	230	231.9	204.5	100.1
1974	230	235.1	207.2	101.5
1975	230	237.4	208.6	102.5

[a] Se consideran las plantas: Girbotol, de absorción, fraccionadora, de refrigeración con propano y compresoras.

[b] Se refiere a la capacidad de procesamiento de gas húmedo amargo, equivalente a 2 400 MMm^3/año medidos a 20°C y 1 kg/cm².

[c] Tales porcentajes provienen de la fuente original y son menores en 1.5%, de calcularse aquí las cifras entregadas. Tal diferencia se debe a los cálculos aproximados de conversión de metros cúbicos (fuente original), a pies cúbicos diarios.

Fuente: IMP, *op. cit.*, t. 5, pp. 6-48.

Cuadro 27

Volúmenes de gas de formación, enviados al proceso más utilizado en bombeo neumático. Poza Rica (incluye Faja de Oro), 1970-1975

(millones de pies cúbicos diarios-MMPCD)

	1970	*1971*	*1972*	*1973*	*1974*	*1975*
Gas de formación	310.5	270.5	228.1	203.7	189.4	157.5
Gas utilizado en bombeo neumático (seco)[a]	198.8	201.7	201.2	191.4	189.9	193.5
Total	519.3	472.2	429.3	395.1	379.3	351.0

Fuente: IMP, *op. cit.*, t. 5, pp. 6-62.

Cuadro 28
Procesamiento de gas natural, planta de absorción, unidad de procesamiento La Venta. Capacidad instalada y volumen procesado, 1970-1975

Año	*Capacidad[1] instalada (MMPCD)*	*Gas húmedo procesado (MMPCD)*	*Gas seco obtenido (MMPCD)*	*Utilización de capacidad instalada (%)*
1970	150	154.9	141.1	103.2
1971	150	161.8	147.8	107.5
1972	200	113.4	102.6	56.7
1973	200	11.2	10.0	7.4
1974	200	37.1	34.3	18.8
1975	200	150.8	144.6	75.4

[1] Se refiere a la capacidad de procesamiento de gas húmedo medido a 20°C y 1 kg/cm^2.
Fuente: IMP, *op. cit.*, t. 5, pp. 6-51.

Cuadro 29
Procesamiento de gas natural, planta criogénica, Unidad de Procesamiento La Venta. Capacidad instalada y volumen procesado, 1972-1975

Año	*Capacidad[1] instalada (MMPCD)*	*Gas húmedo procesado (MMPCD)*	*Gas seco obtenido (MMPCD)*	*Utilización de capacidad instalada (%)*
1972	182	42.5	35.8	23.4
1973	182	175.9	146.8	96.7
1974	182	182.0	152.5	100.0
1975	182	196.0	166.7	107.7

[1] Se refiere a la capacidad de procesamiento de gas húmedo, medido a 20°C y 1 kg/cm^2.
Fuente: IMP, *op. cit.*, t. 5, pp. 6-52.

Cuadro 30
Procesamiento de gas natural, planta de absorción, Unidad de Procesamiento Ciudad Pemex. Capacidad instalada y volumen procesado, 1970-1975

Año	*Capacidad*[a] *instalada* (MMPCD)	*Gas húmedo procesado* (MMPCD)	*Gas seco obtenido* (MMPCD)	*Utilización de capacidad instalada*[b] (%)
1970	550	545.7	515.6	99.2
1971	550	550.0	519.2	100.
1972	550	537.2	507.3	97.6
1973	550	544.0	513.0	98.9
1974	550	552.6	520.8	100.5
1975	550	411.1	346.2	74.7

[a] Se refiere a la capacidad de producción de gas residual (seco). Desde 1963 posee la capacidad de 550 MMPCD, medidos a 20°C y 1 kg/cm^2.
[b] En la fuente original, los porcentajes calculados para la capacidad instalada son erróneos, al utilizar los volúmenes de gas húmedo procesado como lo hicieron en el resto de los cuadros.
Fuente: IMP, *op. cit.*, t. 5, pp. 6-49.

Cuadro 31
Procesamiento de gas natural, planta criogénica, Unidad de Procesamiento Ciudad Pemex. Capacidad instalada y volumen procesado, 1975

Año	*Capacidad*[1] *instalada* (MMPCD)	*Gas húmedo procesado* (MMPCD)	*Gas seco obtenido* (MMPCD)	*Utilización de capacidad instalada* (%)
1975	200	186.5	172.6	93.2

[1] Se refiere a la capacidad de procesamiento de gas húmedo, medido a 20°C y 1 kg/cm^2.
Fuente: IMP, *op. cit.*, t. 5. pp. 6-50.

Cuadro 32
Volúmenes de gas de formación, enviados al proceso más utilizado en bombeo neumático en la Zona Sur, 1970-1975

*(millones de pies cúbicos diarios-MMPCD)**

	1970	*1971*	*1972*	*1973*	*1974*	*1975*
Gas de formación	235.5	261.2	295.1	330.2	550.4	747.4
Gas utilizado en bombeo neumático (seco)	100.3	111.3	104.8	79.4	75.7	53.3
Total	335.8	372.5	399.9	409.6	626.1	500.7

* Medidos a 20°C y a 1 kg/cm^2.
Fuente: IMP, *op. cit.*, t. 5, pp. 6-67.

Cuadro 33
Producción de gas natural por regiones, 1977-1982

(millones de pies cúbicos diarios-MMPCD)

	1977	*1978*	*1979*	*1980*	*1981*	*1982*
Total	2 046.2	2 561.4	2 916.6	3 548.0	4 060.8	4 246.3
Gas asociado	1 190.4	1 623.9	2 210.2	2 578.0	3 046.4	3 301.1
Zona Norte	83.2	109.1	104.1	80.8	86.4	80.8
Zona Centro	132.7	159.4	183.3	186.7	167.9	127.9
Zona Sur	974.5	1 355.4	1 922.8	2 310.5	2 792.1	3 092.4
Terciario	154.0	149.9	152.9	136.9	130.3	116.7
Cretácico terrestre	820.5	1 205.5	1 747.1	1 915.4	2 132.3	2 116.6
Campeche	—	—	22.8	258.2	529.5	859.1
Gas no asociado		937.5	706.4	970.0	1 014.4	945.1
Distrito Frontera Noreste		522.7	559.9	518.6	455.5	397.4
Reynosa		412.9	390.8	368.7	356.2	334.0
Monclova	391.1	109.8	169.1	149.9	99.3	63.4
Distrito Poza Rica		—	—	—	16.7	64.0
Distrito C. Papaloapan		22.4	22.3	22.2	31.6	42.0
Distrito El Plan	39.7	—	—	—	4.5	15.6
Distrito Cd. Pemex	442.1	392.4	124.2	429.2	506.1	426.1

Fuente: Pemex, Gerencia de Análisis y Evaluación del Mercado Internacional, Coordinación de Comercio Internacional. *El Sector petrolero mexicano, 1977-1983, Estadísticas Seleccionadas*, México, D.F., abril de 1983.

Cuadro 34
Total de pozos de exploración por zonas y distritos, 1977-1982

Año	Zona Norte				Zona Centro			Zona Sur							
	Noreste	*Ébano*	*Cerro Azul*	*Subtotal*	*Poza Rica*	*Papaloapan*	*Subtotal*	*El Plan*	*Nanchital*	*Agua Dulce*	*Comalcalco*	*Cd. Pemex*	*Campeche*	*Subtotal*	*Total*
1977[a]	21	5	3	29	8	11	19	—	—	—	—	—	—	31	79
1978[b]	23	0	4	27	7	13	209	—	—	—	—	—	—	36	83
1979	26	2	3	31	5	7	12	2	0	1	19	3	15	40	83
1980	28	1	1	30	19	3	22	0	0	1	18	3	11	33	85
1981	37	3	6	7	2	2	9	3	0	4	6	2	0	15	70
1982	35	3	1	39	8	1	9	2	0	1	13	3	3	22	70

[a] No se posee información desagregada para la Zona Sur.

[b] Se incluyen pozos improductivos e inyectores de agua o gas.

Fuentes: Pemex, *Memoria de labores, 1977-1982.*, México y Pemex, Gerencia de Explotación, *Estadísticas de uso interno*, México, 1983.

Cuadro 35
Total de pozos de desarrollo por zonas y distritos, 1977-1982

	Zona Norte				*Zona Centro*			*Zona Sur*			*Zona Sureste*		*Zona Marina*		
Año	*Noreste*	*Ébano*	*Cerro Azul*	*Subtotal*	*Poza Rica*	*Papaloapan*	*Subtotal*	*El Plan*	*Nanchital*	*Agua Dulce*	*Comalcalco*	*Cd. Pemex*	*Campeche*	*Subtotal*	*Total*
1977[a]	61	7	9	78	23	14	37	—	—	—	—	—	—	113	228
1978[b]	48	16	26	90	19	17	36	—	—	—	—	—	—	97	223
1979	51	14	27	92	37	15	52	20	0	19	58	2	7	106	250
1980	62	15	40	117	50	23	73	11	0	25	87	0	36	195	385
1981	53	13	45	111	45	17	62	5	4	34	95	2	29	169	342
1982	62	8	52	122	40	12	52	2	2	25	61	0	24	114	288

[a] No se posee información desagregada para la Zona Sur.

[b] Se incluyen pozos improductivos e inyectores de agua o gas.

Fuentes: Pemex, *Memoria de labores, 1977-1982*, México y Pemex, Gerencia de Explotación, *Estadísticas de uso interno*, México, 1983.

Cuadro 36
Pozos de exploración de gas por zonas y distritos, 1977-1982

	Zona Norte				Zona Centro			Zonas del Sur							
Año	*Noreste*	*Ébano*	*Cerro Azul*	*Subtotal*	*Poza Rica*	*Papaloapan*	*Subtotal*	*El Plan*	*Nanchital*	*Agua Dulce*	*Comalcalco*	*Cd. Pemex*	*Campeche*	*Subtotal*	*Total*
1977[a]	10	0	0	10	0	1	1	—	—	—	—	—	—	0	11
1978[a]	11	0	0	11	0	0	0		—	—	—	—	—	0	11
1979	33	0	0	33	0	6	6	2	0	0	0	2	0	4	43
1980	47	0	0	47	0	1	1	0	0	0	6	0	0	6	54
1981	37	0	0	37	0	2	2	0	0	0	28	2	0	30	69
1982	32	0	0	32	0	8	8	0	0	0	16	0	0	16	56

[a] No se posee información desagregada para la Zona Sur.

Fuentes: Pemex, *Memoria de labores, 1977-1982*, México.

Cuadro 37
Pozos de desarrollo de gas por zonas y distritos, 1977-1982

	Zona Norte				*Zona Centro*			*Zonas del Sur*							
Año	*Noreste*	*Ébano*	*Cerro Azul*	*Subtotal*	*Poza Rica*	*Papaloapan*	*Subtotal*	*El Plan*	*Nanchital*	*Agua Dulce*	*Comalcalco*	*Cd. Pemex*	*Campeche*	*Subtotal*	*Total*
1977[a]	50	0	0	50	0	1	1	—	—	—	—	—	—	0	51
1978	35	0	0	35	0	5	5	—	—	—	—	—	—	3	43
1979	33	0	0	33	0	6	6	2	0	—	0	2	0	4	43
1980	47	0	0	47	0	1	1	0	0	0	6	0	0	6	54
1981	37	0	0	37	0	2	2	0	0	0	28	2	0	30	69
1982	32	0	0	32	0	8	8	0	0	0	16	0	0	16	56

[a] No se posee información desagregada para la Zona Sur.

Fuentes: Pemex, *Memoria de labores, 1977-1982*, México.

Cuadro 38
Relación gas/aceite promedio, en los campos de Tabasco-Chiapas[a]

(pie cúbico por barril PC/B)

Año	*Relación gas/aceite*	*Variación (%)*
1977	1 253	—
1978	1 378	9.7
1979	1 615	14.7
1980	1 910	15.4
1981	2 325	17.8
1982	2 520	7.7
1983	2 651	4.9

[a] Comalcalco y Villahermosa.

Fuente: Pemex, *Anuario estadístico, 1985*, México, 1986.

Cuadro 39
Balance nacional de energía, 1984
(10^{12} *Kcal*)

	Carbón[1]	*Petróleo*	*Conden-sado*[2]	*Gas no asociado*	*Gas asociado*	*Hidro-energía*[7]	*Geoener-gía*[8]	*Bagazo de caña*	*Leña*[3]	*Total de energía primaria*
Oferta										
Producción	29.758	1 493.000	68.641	70.456	341.431	63.895	3.880	21.058		2 166.519
Importación	1.691	—	—	—	—	—	—	—	—	1.691
Variación de inventario	- 1.873	6.048	—	—	—	—	—	—		4.175
Oferta total	29.576	1 499.048	68.641	70.456	341.431	63.895	3.880	21.058	74.000	2 172.385
Exportación	—	- 855.669	—	—	—	—	—	—	—	- 855.669
No aprovechada[4]	—	- 0.127	—	- 0.601	- 34.731	—	—	- 0.152	—	- 35.611
Maquila-intercambio neto	—	- 0.559	—	—	—	—	—	—	—	- 0.559
Oferta interna bruta	29.576	642.696	68.641	69.855	306.700	63.895	3.880	20.906	74.400	1 280.546
Transformación										
Total transformación	-29.220	- 645.312	-68.641	-42.277	-294.888	-63.895	-3.880	—	—	-1 148.113
Coquizadoras	-21.389	—	—	—	—	—	—	—	—	- 21.839
Refinerías y despuntadoras	—	- 645.312	—	—	—	—	—	—	—	- 645.312
Plantas de gas y fraccionadoras	—	—	-68.641	-42.277	-294.888	—	—	—	—	- 405.806
Centrales eléctricas	- 7.381	—	—	—	—	-63.895	-3.880	—	—	- 75.156
Consumo propio del sector[5]	- 0.155	—	—	- 8.440	- 12.350	—	—	—	—	- 20.945
Diferencia estadística	- 0.018	5.605	—	0.074	2.671	—	—	—	—	8.332
Pérdidas (transporte distribución y almacenamiento)	- 0.183	- 2.986	—	—	2.133	—	—	—	—	- 5.302
Consumo final										
Consumo final total	—	—	—	19.212	—	—	—	20.906	74.400	1 14.518
Consumo final no energético	—	—	—	—	—	—	—	2.518	—	2.518
Petroquímica básica[6]	—	—	—	—	—	—	—	—	—	—
Otras ramas económicas	—	—	—	—	—	—	—	2.518	—	2.518
Consumo final energéticos	—	—	—	19.212	—	—	—	18.388	74.388	1 12.000

Residencial, comercial y público	—	—	—	1.499	—	—	—	—	74.400	75.899
Transporte	—	—	—	—	—	—	—	—	—	—
Agropecuario	—	—	—	—	—	—	—	—	—	—
Industrial[9]	—	—	—	17.713	—	—	—	18.388	—	36.101
Petroquímica básica	—	—	—	—	—	—	—	—	—	—
Otras ramas industriales	—	—	—	17.713	—	—	—	18.388	—	36.101

[1] Se refiere a carbón mineral coquizable y al no coquizable.
[2] Incluye el condensado recuperado en gasoductos.
[3] No contiene carbón vegetal.
[4] Derrames accidentales de petróleo crudo y gas natural enviado a la atmósfera y bagazo de caña.
[5] Incluye consumo propio del sector energético y las pérdidas por transportación, distribución y almacenamiento de productos petrolíferos.
[6] Se refiere a la materia prima parala petroquímica básica.
[7] Se refiereal consumo energético de la petroquímica básica.
[8] Considerado a 2 775 kcal/kwh.
[9] Incluye combustibles para el autoabastecimiento de energía eléctrica.

Fuente: Secretaría de Minas e Industrias Paraestatal, *Balance Nacional de Energía, 1982-1984*, México, 1985

Cuadro 40
Pozos de exploración y desarrollo de gas en distritos productores de gas no asociado, 1982-1985

	Exploración							*Desarrollo*							
Año	*Noreste*	*P. Rica*	*Cd. Pemex*	*Villahermosa*	*Comalcalco*	*Otros*	*Subtotal*	*Noreste*	*P. Rica*	*Cd. Pemex*	*Villahermosa*	*Comalcalco*	*Otros*	*Subtotal*	*Total*
1982	7	—	—	—	1	—	8	32	—	—	—	16	2	56	64
1983	5	—	—	1	—	—	6	18	—	—	13	—	1	32	38
1984	2	—	—	—	—	1	3	17	—	—	11	—	1	29	32
1985	4	—	—	1	2	—	7	17	—	—	7	—	2	26	33

Fuentes: Pemex, *Memoria de labores, 1982-1985*, México.

Cuadro 41
Campos de aceite y de gas descubiertos, 1982-1985

Año	*Aceite*	*Gas*	*Total*
1982	10	8	18
1983	11	6	17
1984	10	0	10
1985	5	2	7

Fuentes: Pemex, *Memoria de labores, 1982-1985*, México.

Cuadro 42
Relación reservas/producción (R/P)[a], de gas, 1982-1985

Año	*MMPC*	*Producción MMPC*	*R/P Años*
1981		1 482 196	—
1982	75 352 174	1 549 921	51
1983	76 997 740	1 479 560	50
1984	76 701 719	1 373 457	52
1985	76 535 735	1 315 337	55

[a] Para el cálculo de las relaciones, se consideran las reservas probadas del año, dividido por la producción anual del años anterior.
Fuentes: Pemex, *Memoria de labores, 1981-1986*, México.

Cuadro 43
Movimientos realizados en ductos, 1971-1978
(millones de toneladas kilómetros por año-MM ton km/año)

Año	*Oleoductos*	*Gasoductos*	*Poliductos*	*Petroquímicos*	*Total*
1971	5 091	5 087	4 474	100	14 752
1972	5 419	5 087	4 015	47	14 568
1973	5 449	5 013	4 047	36	14 635
1974	7 532	5 224	4 496	30	17 282
1975	11 773	5 896	5 285	75	23 029
1976	20 403	6 150	5 483	81	32 117
1977	24 989	6 112	6 105	83	37 289
1978	27 738	6 784	6 654	93	41 269

Fuente: Pemex, *Anuario estadístico, 1979*, México, 1980.

MAPA 1

PRINCIPALES ZONAS PRODUCTORAS DE GAS NATURAL

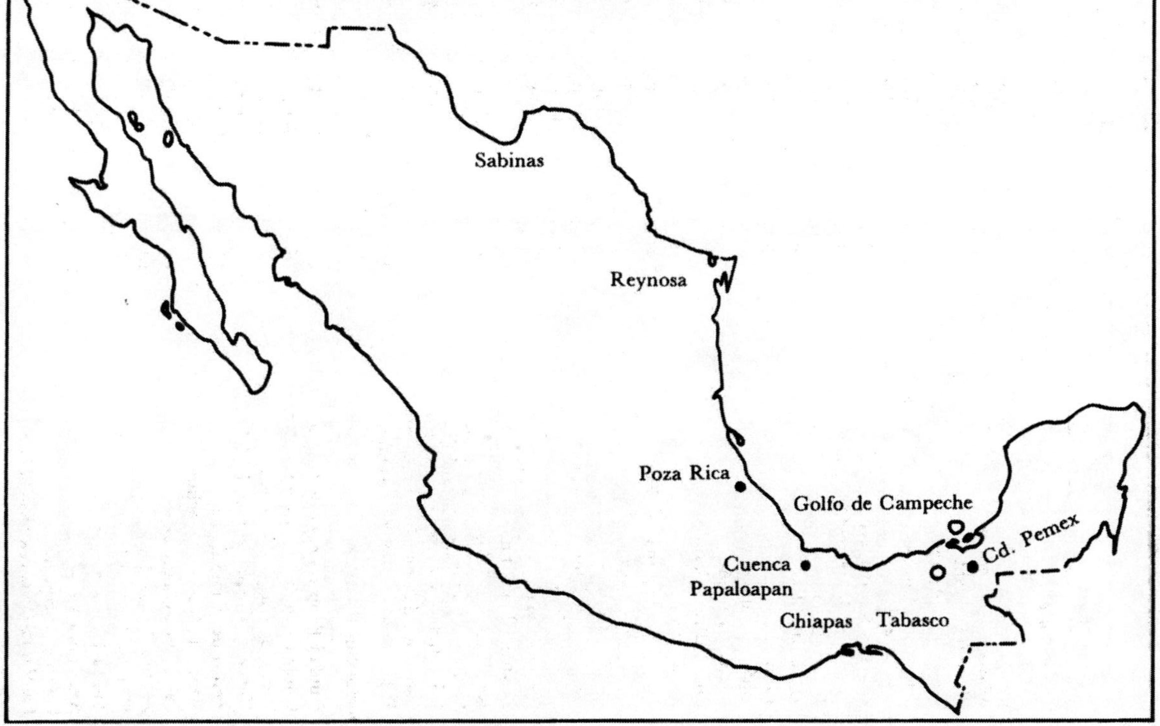

Fuente: *Gas natural una alternativa para el desarrollo*, *op. cit.*, p. 12.

Cuadro 44
Gasoductos en operación a fines de 1976

	Diámetro plg	*Longitud km*	*Capacidad MMPCD*
Ductos Norte			
Robulus-Asarco	6	22.0	
Oasis Aux-Pandura	6	10.5	
Pandura-Arcabuz	16	146.0	100
Arcabuz-Culebra	(2) 12	30.0	100
Culebra-Reynosa	22	79.0	
Pandura-Asarco	6	19.0	
Culebra-Monterrey(km 79-km250)	22	171.0	230
Reynosa-Monterrey(km 0-km 177)	24	177.1	230
Escobedo-Monclova	10	173.0	
Escobedo-Monclova	10	173.0	106
Monterrey-Chávez	16	309.1	159
Chávez-Chihuahua	12	434.4	85
Chávez-Torreón	12	36.2	48
Ojo Caliente-Saltillo	8	32.0	18
Paila-Parras	4	24.0	10
Km 153.8-Laguna del Rey	8	97.0	8.0
Km 289-Camargo	8	14.4	24
km 352-Delicias	8	24.0	18
Chihuahua-Celulosa Chihuahua	8	104.0	10
Reynosa-Ciudad Alemán	12	87.0	50
Reynosa-Matamoros	12	94.4	50
Reynosa-Texas-Eastern	14	2.0	
Reynosa-Texas-Eastern	16	2.0	177
Campo Tamaulipas-Refinería Madero	8	24.0	18
Cd. Madero-Campo Tamaulipas	12	24.0	30
Est. Cacalilao-Est. Calentadores 4	6	40.0	3
Bat. Arenque-Refinería Madero	10	1.0	22
Ductos Sur-Centro			
Ciudad Pemex-Venta de Carpio	24	780.4	1 100
Ciudad Pemex-Venta de Carpio	24	780.4	
Venta de Carpio-Salamanca	14	268.6	**
Venta de Carpio-Tepeji del Río	20	60.0	280 **
Tepeji del Río-Salamanca	16	208.6	**
Venta de Carpio-Tlanchinol	6	141.0	10
Salamanca-Guadalajara	14	238.0	28
km 962.7-Querétaro	10	23.0	36
Estación 2 GCPM-Nuevo Teapa	24	23.0	200
Tierra Blanca-Angostura	10	20.0	115
Angostura-Veracruz	20	74.7	80
Cocuite-Angostura	4	38.0	20
La Venta-Descarga (Estación 2) GCPM (2)	14 y 20	13.5	220
Apizaco-Tlaxcala	4	38.0	5
Jasso-Tula	14	20.0	150

Cuadro 44
(*Continuación*)

	Diámetro *plg*	*Longitud* *km*	*Capacidad* *MMPCD*
Red de gas del Valle de México			
Varios diámetros			400
Ductos Zona Sur			
Xicalango-Ciudad del Carmen	4	16.0	6
Cactus-La Venta	24	100.0	200 *
Samaria-Cactus	20	18.0	200
GCPM-Cactus	6	25.0	100
Sitio Grande 101-Cactus	24	16.0	150
Cactus-Cd. Pemex	24	91.0	200
GCPM-Cactus	10	11.0	1
GCPM-Samaria	10	5.0	3.5
Samaria-Cactus	36	16.0	500
Cunduacán-Samaria	(2) 24	8.5	150
Cunduacán-Samaria	16	8.5	150
La Venta-Pajaritos	24	28.0	300

*Gas húmedo a proceso.
**Opera en paralelo.
Nomenclatura GCPM Gasoducto Cd. Pemex-México.
Fuente: Pemex, *Memoria de labores, 1976*, México, 1977.

Cuadro 45
Gasoductos en operación a fines de 1982

	Diámetro *(plg)*	*Longitud* *(km)*
Sistema Troncal de Ductos Norte		
Km 20 GRMTCH-Nueva caseta de exportación	42	20.0
Ramones km 20 GRMTCH	36	115.0
Monclova-Estación Escobedo	30	173.1
Estación Escobedo-Escalón	24	463.0
Estación Santa Catarina-San Jerónimo	24	20.0
Sta. Rosa-Gimsa	24	12.5
Reynosa-Monterrey	24	223.0
Planta de absorción Reynosa-Estación medición núm. 1	24	1.6
Escalón-Chihuahua	24	280.0
Culebra-Monterrey	22	169.4
Apodaca-Monterrey	18	14.7
Reynosa-Matamoros	18 y 12	106.0
Monterrey-Torreón	16	309.1

Cuadro 45
(*Continuación*)

	Diámetro plg	*Longitud (km)*
Estación Chávez-Gómez Palacio	16	32.5
Planta de absorción Reynosa-Estación de medición núm. 2	16	2.1
Chihuahua-Cd. Juárez	16	375.0
Planta de absorción Reynosa-Estación de medición núm. 1	14	1.6
Planta de absorción Reynosa-Estción de medición núm. 2	14	2.1
Estación Chávez-Gómez Palacio	12	32.5
Km 175.3 del GRMTCH-Refinería Cadereyta	12	14.0
Cd. Miguel Alemán-Reynosa	12	90.0
Torreón-Chihuahua	12	433.0
Casa Roja-Piedras Negras	12	12.0
Km 289.0 del GRMTCH-Camargo	12	14.7
Totonaca-Estación de Medición Laredo	12	18.0
Estación Ojo Caliente-Saltillo	10	30.0
Estación Escobedo-Monclova	10	173.1
Estación Escobedo-Monclova	10	173.1
Chihuahua-Celulosa de Chihuahua	8	100.4
Escalón-Química del Rey	8	103.3
Km 289.0 del GRMTCH-Camargo	8	14.7
Km 352.0 del GRMTCH-Delicias	8	26.1
Los Ramones-Estación Escobedo	36	81.3
Estación Ojo Caliente-Saltillo	8	29.7
Nueva Estación Laredo-Gas Doméstico Laredo	8	6.0
Mezquital-San Rafael	6	6.0
Monterrey-Cd. Hidalgo	4	25.5
Paila-Parras	4	24.0
Red de gas Chihuahua	16,12 y 4	12.6
Red de gas La laguna	8,6 y 4	18.7
Red de gas Monterrey	16	22.0
Red de gas Piedras Negras	8	10.0
Red de gas Saltillo	8 y 4	4.3
Red de gas Matamoros	6,4,3 y 2	8.0
Red de gas Monclova	6 y 4	6.9
Red de gas Reynosa	6,4,3,2 y 1	20.0
Red de gas Río Bravo	6,4,3 y 2	7.0
Sistema Troncal de Ductos Golfo		
Cactus-San Fernando	48	1 102.0
San Fernando-Los Ramones	42	145.0
km 130 STDG-La Cangrejera	24	5.0
km 611 STDG-Poza Rica	21	45.0
Angostura-Veracruz	20	74.7
km 874 STDG-Altamira	16	17.0
km 148 STDG-Cosoleacaque	12	7.0

Cuadro 45
(*Continuación*)

	Diámetro plg	*Longitud (km)*
Tierra Blanca-Agostura	10	20.0
Minatitlán-Salina Cruz	6	256.7
Sistema Troncal de Ductos Sur-Centro		
Cárdenas-Río Coatzacoalcos	48	116.0
Nuevo Teapa-Minatitlán	36	30.0
Santa Ana-Salamanca	36	212.0
Cactus-Cárdenas	36	25.0
De Carpio-Santa Ana	36	58.0
Minatitlán-Venta de Carpio	30	540.0
Cd. Pemex-Venta de Carpio L-1	24	780.4
Cd. Pemex-Venta de Carpio L-2	24	780.4
Cd. Pemex-Cárdenas	24	100.0
Estación Agua Dulce-Nuevo Teapa	24	28.0
Cactus-Cd. Pemex	24	91.0
Cactus-Cd. Pemex	24	91.0
GBP Pajaritos-Minatitlán	24	19.8
Cactus-La Venta	24	96.0
Santa Ana-Tula	20	25.0
La Venta-Estación Agua Dulce	20	10.5
Nuevo Teapa-Pajaritos	20	11.5
Venta de Carpio-Santa Ana	20	58.0
GBP Minatitlán-Cosoleacaque	18	7,5
Cd. Pemex-Campeche	16	336.0
Santa Ana-Salamanca	16	208.6
La Venta-Estación Agua Dulce	14	10.5
Venta de Carpio-Salamanca	14	268.6
Salamanca-Guadalajara	14	238.0
Santa Ana-Jasso-Tula	14	20.0
Campeche-Mérida	12	165.0
GBP Cosoleacaque-Jaltipan	12	23.3
Km 962 GCPM-Quéretaro	10	23.0
Santa Ana-Tula	10	25.0
Venta de Carpio-Toluca	10	90.0
Ramal GCPM-Cactus	10	10.2
Corredor industrial El Salto-El Castillo	8	7.0
Venta de Carpio-Tlanchinol	6	190.0
Ramal GCPM-Paredón	6	15.0
Panzacola-Apizado-Xalostoc	4	15.0
Ramales de distribución	2,3,4,6,8,10,12, 14,16,18,20,22 y 24	430.0
Red de gas de Guadalajara	2,3,4,6,8,10 y 12	80.6
Red de gas de Mérida	24	16.0
Sistema Troncal de Ductos Centro		
Venta de Carpio-Cd. Sahagún	20	41.0

Cuadro 45
(*Continuación*)

	Diámetro plg	*Longitud (km)*
Poza Rica-Estación Catalina	18	86.0
Venta de Carpio-San Juan Ixhuatepec-Azcapotzalco	2,3,6,8,10,12, 14,20 22 y 24	406.0

Nomenclatura:
GRMTCH: Gasoducto Reynosa-Monterrey-Torreón-Chihuahua
STDG: Sistema Troncal Ductos Golfo
GCPM: Gasoducto Cd. Pemex-México.
GBP: Gasoducto Baja Presión.
UPQ: Unidad de Petroquímica.
Fuente: Pemex, *Memoria de labores, 1982*, México, 1983.

Cuadro 46
Movimientos realizados de gas natural, 1981-1985
(millones de toneladas kilómetros/años-MM ton km/año)

Años	*STDSC* [a]	*STDG* [b]	*STDN* [c]	*STDC* [d]	*Total*
1981	4 581.10	6 242.90	763.10	—	11 587.0
1982	5 017.00	6 310.80	981.60	—	12 309.4
1983	5 004.00	5 183.50	910.60	2.70	11 101.2
1984	n.d.	n.d.	n.d.	n.d.	n.d.
1985	n.d.	n.d.	n.d.	n.d.	12.000.

[a] Sistema Troncal Ductos Sur-Centro.
[b] Sistema Troncal Ductos Golfo.
[c] Sistema Troncal Ductos Norte.
[d] Sistema Troncal Ductos Centro.
n.d. no disponible.
Fuentes: Pemex, Subdirección de Producción Primaria, Gerencia de Sistemas de Ductos, *Informes Internos*, 1981, 1985.

Cuadro 47
Gasoductos en construcción o diseño a fines de 1982

	Diámetro (plg)	*Longitud (km)*
Sistema Troncal Ductos Norte		
Red Monterrey CFE-Punta de la Loma	16	10.0
Torreón-Durango	16	250.0
Red Monterrey Ampliación-CFE 1A	16	3.0
Naco-Cananea	16	63.0
Cananea-Hermosillo-Guaymas	16	610.0
Km 352 del GRMTCH*-Delicias	12	26.1
Sistema Troncal Ductos Golfo		
Ramal Allende, N.L.	6	24.0
Ramal a Santiago, N.L.	6	20.0
Cadereyta-Linares	10	100.0
Sistema Troncal Ductos Sur-Centro		
Río Coatzacoalcos-Santa Ana	48	615.0
Salamanca-Guadalajara	36	238.0
Guadalajara-Manzanillo	30	300.0
Red Apizaco-Puebla	30	31.0
Salamanca-Lázaro Cárdenas	24	350.0
Red de gas de San Luis Potosí	24	25.0
Cierre anillo red de gas de Guadalajara	24	50.0
Palmillas-Toluca	16	120.0
Red de gas de Puebla	16	28.0
Red de gas de San Martín Texmelucan	16	12.0
Querétaro-San Luis Potosí	16	211.0
Salamanca-León-Aguascalientes-Zacatecas	10	275.0

*GRMTCH: Gasoducto Reynosa-Monterrey-Torreón-Chihuahua.
Fuente: Pemex, *Memoria de labores, 1982*, México, 1983.

Cuadro 48
Participaciones por sectores en el consumo de gas natural, 1970-1985

Sectores	*1970*	*1971*	*1972*	*1973*	*1974*	*1975*	*1976*	*1977*	*1978*	*1979*	*1980*	*1981*	*1982*	*1983*	*1984*	*1985*
Industrial	75.3	73.7	74.5	73.0	76.3	69.1	72.2	72.9	70.8	68.8	72.5	74.8	75.8	75.5	72.9	71.6
Eléctrico	20.1	21.7	20.5	21.8	18.3	26.0	22.1	21.1	23.6	27.5	23.5	21.4	19.9	19.0	20.4	21.5
Residencial	4.6	4.6	5.0	5.2	5.4	4.9	5.7	6.0	6.6	3.7	4.0	3.8	4.3	5.5	6.7	6.9
Total	100.0	100.0	100.0	100.0	100.0	100.0	100.0	100.0	100.0	100.0	100.0	100.0	100.0	100.0	100.0	100.0

Fuente: cuadro III.34.

Mapa 2

Gasoductos en operación a fines de 1982

Fuente: Petróleos Mexicanos, Subdirección de Producción Primaria. Gerencia de Sistemas de Ductos.

Cuadro 49
Ventas internas de gas natural por sectores y ramas, 1983-1985

(barriles por día equivalentes a combustóleo-BD)[*]

	1983	*(%)*	*1984*	*(%)*	*1985*	*(%)*
1. Minería	11 510	(7.1)	13 109	(9.287)	11 994	(6.663)
Industria manufacturera						
2. Alimentos, bebidas y tabaco	6 880	(4.2)	7 847	(4.3)	7 830	(4.3)
3. Textiles, vestido y cueros	1 670	(1.0)	1 809	(1.0)	1 929	(1.0)
4. Papel, imprentas y editoriales	7 891	(3.8)	8 387	(4.6)	8 251	(4.5)
5. Químicos y productos del petróleo	20 854	(12.9)	27 805	(15.4)	27 449	(15.2)
6. Productos minerales no metálicos	22 882	(14.1)	26 017	(14.4)	26 771	(14.8)
7. Industrias metálicas básicas	34 310	(21.2)	35 793	(19.8)	34 484	(19.1)
8. Productos metálicos para maquinaria y equipo	4 839	(3.0)	6 751	(3.7)	6 788	(3.7)
9. Otras industrias[a]	493	(0.3)	699	(0.3)	761	(0.4)
10. Sector eléctrico	37 577	(23.3)	36 742	(20.4)	38 827	(21.5)
11. Sector residencial[b]	10 567	(6.5)	12 099	(6.7)	12 556	(6.9)
12. Otros sectores no clasificados por ramas	1 766	(1.0)	2 833	(1.5)	2 877	(1.3)
Gran total	161 245	(100)	179 896	(100)	180 522	(100)

[*] Un barril de combustóleo = 6 783 PC.

[a] Incluye industrias de la madera

[b] Incluye comercio, restaurantes, hoteles, servicios financieros,comunales, educativos, médicos y otros, sectores, gobierno y doméstico.

[c] Incluye sector agropecuario, silvicultura y pesca.

Fuentes: Pemex, *Informe de consumo de gas natural, 1983-1985*, México, 1986.

Cuadro 50
Composición porcentual del valor de las exportaciones totales de Pemex, 1970-1982

Año	*Exportaciones Totales %*	*Crudos %*	*Petrolíferos %*	*Petroquímicos %*	*Gas natural %*
1970	100	—	73.3	9.4	17.3
1971	100	—	78.3	11.1	10.6
1972	100	—	83.3	10.7	6.0
1973	100	—	85.2	13.9	0.9
1974	100	46.4	46.4	7.1	0.1
1975	100	93.0	6.0	1.0	—
1976	100	97.0	2.9	0.1	—
1977	100	96.9	2.3	.0.3	0.5
1978	100	95.8	0.5	3.7	—
1979	100	95.6	1.7	2.7	—
1980	100	90.7	3.8	1.2	4.3
1981	100	91.3	4.0	1.1	3.6
1982	100	94.1	2.1	0.9	2.9

Fuente: Snoeck, Michele, *El Comercio...*, *op. cit.*, p. 187.

Cuadro 51
Balanza comercial de hidrocarburos y derivados de Pemex, 1970-1982
(millones de pesos-MM$)

Año	*Exportaciones totales MM$*	*Importaciones MM$*	*Saldo*
1970	504.0	553.0	- 49.0
1971	433.3	1 047.5	- 614.2
1972	323.7	1 416.0	-1 092.3
1973	448.6	3 605.0	-3 156.4
1974	1 668.2	5 273.5	-3 065.3
1975	5 287.7	3 532.5	1 755.2
1976	7 002.8	3 415.1	3 587.7
1977	23 431.2	4 787.7	18 643.5
1978	41 795.8	7 003.2	34 792.6
1979	91 690.9	12 426.6	79 264.3
1980	239 502.8	17 616.2	221 886.6
1981	357 266.0	16 732.2	340 533.8
1982	953 239.4	31 632.8	921 615.6

Fuente: Snoeck, Michele, *El Comercio...*, *op. cit.*, p. 184.

Cuadro 52
Balanza comercial de hidrocarburos y derivados de Pemex, 1983-1984

	1983		*1984*	
	Volumen	*Valor (MM US $)*	*Volumen*	*Valor (MM US $)*
Exportaciones				
crudo (MBD)	1 537	14 821	1 525	14 968
petrolíferos (MBD)	84	866	112	1 138
petroquímicos (M ton)	806	124	576	128
Gas natural (MMPCD)	217	354	148	232
Total		16 165		16 466
Importaciones				
petrolíferos (MMB)	17	255	33	348
petroquímicos (M ton)	582	337	869	442
gas natural (MMPCD)	5	8	5	8
Total		600	797	
Saldo		15 565		15 669

Fuente: Pemex, *Memoria de labores, 1984*, México, 1985.

ABREVIATURAS Y SÍMBOLOS DE UNIDADES

AHMSA	Altos Hornos de México, S.A.
ANSI	American National Standard Institute
API	American Petroleum Institute
ASA	American Standard Association
BM	Banco de México
BP	British Petroleum
Cd. Camargo	Ciudad Camargo
Cd. Pemex	Ciudad Pemex
CFE	Comisión Federal de Electricidad
Coah.	Coahuila
D.F.	Distrito Federal
DOE	Department of Energy (Estados Unidos)
FNM	Ferrocarriles Nacionales de México
GIMSA	Gas Industrial de Monterrey, S.A.
GRMTCH	Gasoducto Reynosa-Monterrey-Torreón-Chihuahua
Hgo.	Hidalgo
IEA	International Energy Agency
IMP	Instituto Mexicano del Petróleo
NAFINSA	Nacional Financiera
OECD	Organization for Economic Cooperation and Development
Pemex	Petróleos Mexicanos
PIB	Producto Interno Bruto
PIRE	Programa Inmediato de Reordenación Económica
PND	Plan Nacional de Desarrollo
SECOFI	Secretaría de Comercio y Fomento Industrial
SEMIP	Secretaría de Energía, Minas e Industria Paraestatal
SEPAFIN	Secretaría de Patrimonio y Fomento Industrial
SPP	Secretaría de Programación y Presupuesto
SICARTSA	Siderúrgica Lázaro Cárdenas-Las Truchas, S.A.

Son.	Sonora
TAMSA	Tubos de Acero de México, S.A.
URSS	Unión Soviética
V. de Carpio	Venta de Carpio
Ver.	Veracruz
B	Barril
BD	Barriles diarios
BTU	British Thermal Units
CO_2	Bióxido de carbono
cm^2	Centímetro cuadrado
GNL	Gas Natural Licuado
kcal	Kilocalorías
km	Kilómetro
km^2	Kilómetro cuadrado
lb	Libras
lt	Litros
MB	Miles de barriles
MBD	Miles de barriles diarios
MBP	Miles de barriles de petróleo
MBPD	Miles de barriles de petróleo diarios
MPC	Miles de pies cúbicos
MPCD	Miles de pies cúbicos diarios
MMPC	Millones de pies cúbicos
MMPCD	Millones de pies cúbicos diarios
MMMPC	Miles de millones de pies cúbicos diarios
MMB	Millones de barriles
m^3	Metro cúbico
Mm^3	Miles de metros cúbicos
mt	Metros
MMTPE	Millones de toneladas de petróleo equivalente
MMBPCE	Millones de barriles de petróleo y crudo equivalente
M ton/año	Miles de toneladas por año
MM ton km	Millones de toneladas kilómetro
$	Pesos
$/kcal	Pesos por kilocalorías
$/lt	Pesos por litro
$/m^3	Pesos por metro cúbico

\$/ton km	Pesos por tonelada kilómetro
plg	Pulgadas
R/P	Reservas/producción

ÍNDICE DE CUADROS, GRÁFICAS Y MAPAS

I.	*Una visión global*	
I. 1	Producción mundial de gas natural por regiones, 1975-1985	17
I. 2	Consumo de gas natural por regiones, 1975-1985	18
II.	*El gas natural en México*	
II. 1	Producción de petróleo crudo y gas natural, 1938-1970	22
Gráfica 1.	Evolución de la producción de gas natural, 1930-1980	23
II. 2	Extensión y diámetros de gasoductos, 1938 y 1970	24
II. 3	Estructura de la producción de energía primaria por fuente, 1970-1982	26
II. 4	Balance de gas natural, 1970-1985	28
II. 5	Producción de gas natural asociado y no asociado, 1970-1976	29
II. 6	Producción de crudo y líquidos de gas natural por zonas, 1970	29
II. 7	Reservas y producción de hidrocarburos y relación reservas/producción, 1965-1970	30
II. 8	Cantidad y niveles de productividad de los campos descubiertos de 1930 a 1970	33
III.	*Aspectos básicos de la industria del gas natural, 1970-1985*	
III. 1	Producción de gas natural asociado y no asociado por zonas y distritos, 1970-1976	40
III. 2	Reservas probadas de hidrocarburos a finales de cada año, 1970-1976	41
III. 3	Relación reservas/producción de gas natural, 1970-1975	44
III. 4	Aprovechamiento y quema de gas natural, 1970-1976	50
III. 5	Distrito Poza Rica. Aprovechamiento de gas asociado, 1970-1975	50
III. 6	Zona Sur. Aprovechamiento de gas asociado, 1970-1975	51
III. 7	Excedentes de gas natural, 1977-1982	60
III. 8	Producción de gas natural asociado y no asociado, 1977-1982	63
III. 9	Reservas probadas de gas natural por zonas, 1977-1982	64
III.10	Aprovechamiento y quema de gas natural, 1977-1982	68

III.11 Producción de gas asociado y quema de gas, 1977-1982 68
III.12 Producción y quema de gas en las zonas Sureste, Marina y Sur, 1977-1982 69
III.13 Producción bruta de gas natural, producción de gas asociado y capacidad nominal de procesamiento de gas natural, 1977-1982 71
III.14 Capacidad de procesamiento de gas natural por centros de proceso, 1977-1982 72
III.15 Capacidad nominal de plantas desulfurizadoras por centros de proceso, 1976-1982 72
III.16 Producción de gas natural asociado y no asociado, 1982-1986 77
III.17 Producción de gas natural asociado y no asociado por regiones, 1982-1985 78
III.18 Producciones de crudo y gas (asociado) de algunos campos de las zonas del Sur (Sur, Sureste y Marina), 1982-1985 80
III.19 Reservas probadas de gas natural convertido a líquido por zonas y distritos, 1982-1985 81
III.20 Aprovechamiento y quema de gas natural, 1982-1985 83
III.21 Producción y quema de gas asociado, 1982-1985 83
III.22 Producción y quema de gas en las zonas Sureste y Marina, 1982-1986 84
III.23 Capacidades nominales de procesamiento de gas natural, 1982-1985 84
III.24 Capacidades de procesamiento de gas natural por centros de proceso, 1982-1985 85
III.25 Capacidades nominales de plantas desulfurizadoras por centros de proceso, 1982-1985 85
III.26 Gasoductos en operación a fines de 1971 90
III.27 Movimiento de hidrocarburos y rangos estimativos de costo, 1970 91
III.28 Volúmenes de gas natural transportados por los gasoductos existentes en 1970 92
III.29 Disponibilidad de gas natural por regiones, 1970-1982 95
III.30 Ventas internas por regiones, 1970-1982 95
III.31 Red de gasoductos en operación, 1971-1985 97
III.32 Capacidades de conducción y movimiento en la red de gasoductos troncales, algunos años 98
III.33 Capacidades existentes y movimiento de gas natural en algunos años 103
III.34 Gasoductos en operación hasta octubre de 1986 105
III.35 Comparación entre capacidades de conducción y volúmenes efectivamente conducidos, 1985 109
III.36 Ventas internas de gas natural, total y por sectores, 1970-1985 111
III.37 Volumen y valor de ventas internas de gas natural, 1970-1985 113

III.38	Relación de ingresos por ventas de gas natural, a total de ventas efectuadas por Pemex, 1970-1985	114
III.39	Precios de venta al público de gas natural, 1970-1985	115
III.40	Precios del gas natural y del combustóleo, 1970-1985	117
III.41	Volúmenes de las exportaciones de gas natural efectuadas por Pemex e importaciones efectuadas por Pemex y particulares, 1970-1985	119
III.42	Valor de las exportaciones e importaciones de Pemex de gas natural, 1970-1985	120
III.43	Ingresos por venta de gas natural y participación en el total de ingresos por ventas de Pemex al exterior, 1980-1984	123
III.44	Volúmenes e ingresos por ventas internas y exportaciones de gas natural, 1970-1984	124
III.45	Evolución de los precios de exportación, 1977-1983	124
IV.	*Estudio de casos*	
IV. 1	Demanda, oferta e importaciones de crudo de Estados Unidos, 1955-1976	129
IV. 2	Evolución de reservas probadas de hidrocarburos líquidos totales y de gas, 1975-1977	142
IV. 3	Alternativa Alta. Producciones de gas, actual y futura, considerando las reservas probadas y probables, 1976-1988	145
IV. 4	Alternativa conservadora. Producciones de gas actual y futura, considerando las reservas probadas y probables, 1976-1988	146
IV. 5	Producciones de gas natural, estimadas por las alternativas alta, conservadora y real, 1977-1982	146
IV. 6	Relación gas/aceite en campos seleccionados de las zonas del sur, 1980-1982	147
IV. 7	Excedentes para exportación, 1977-1988	148
IV. 8	Estimación de volúmenes de gas quemado o enviado a la atmósfera, considerando la alternativa conservadora, 1977-1982	149
Mapa 1.	Gasoducto Cactus-Reynosa (trazo general)	151
IV. 9	Reservas probadas de hidrocarburos líquidos totales, según Pemex, y corregidas al 31 de diciembre de 1985	155
IV.10	Reservas probadas y producción de gas natural por zonas, 1975 y 1985	156

Anexo estadístico

1. Consumo de energía primaria mundial por regiones, 1985 171
2. Reservas probadas de gas natural por regiones, 1985 172
3. Principales productores de gas natural en el mundo, 1985 172
4. Principales países consumidores de gas natural, 1985 173
5. Principales importadores y exportadores de gas natural, 1985 173

6. Reservas totales de hidrocarburos, en México, 1938-1970 174
7. Volumen de ventas internas (Pemex) de los principales productos petrolíferos, 1940-1970 175
8. Exportaciones e importaciones de gas natural, 1940-1968 175
9. Evolución de la producción y consumo nacionales aparentes de gas natural, 1965-1970 176
10. Resumen de la actividad exploratoria por periodos sexenales, 1938-1970 176
11. Importancia de las zonas y distritos en la producción de gas natural, 1965-1970 177
12. Producción y consumo nacionales aparentes de productos petroquímicos básicos, 1960-1970 178
13. Producción, consumo y demanda de gas, 1970-1976 178
14. Pozos de desarrollo, 1970 179
15. Relación entre pasivo e ingresos, 1958-1973 179
16. Reservas probadas de hidrocarburos totales al 31 de diciembre de 1976 179
17. Importaciones de gas natural, 1965-1972 180
18. Perforación exploratoria por distritos, 1970-1976 180
19. Número de pozos de desarrollo de gas por distrito, 1970-1976 180
20. Pozos exploratorios perforados por zonas, 1938-1970 181
21. Distrito Frontera Noreste, 1970-1976 181
22. Poza Rica: relación gas/aceite, 1970-1976 182
23. Poza Rica: pozos perforados, 1970-1976 182
24. Zona Sur: pozos perforados, 1970-1976 183
25. Consumo de combustóleo y gas natural, 1970-1976 183

Gráfica 2. Consumo diario de gas y de combustóleo en México, 1950-1975 184

26. Procesamiento de gas natural, planta de absorción, Distrito Poza Rica, capacidad instalada, volumen procesado y rendimiento, 1970-1975 185
27. Volúmenes de gas de formación, enviados al proceso más utilizado en bombeo neumático. Poza Rica (incluye Faja de Oro), 1970-1975 185
28. Procesamiento de gas natural, planta de absorción, unidad de procesamiento La Venta. Capacidad instalada y volumen procesado, 1970-1975 186
29. Procesamiento de gas natural, planta criogénica, Unidad de Procesamiento La Venta. Capacidad instalada y volumen procesado, 1972-1975 186
30. Procesamiento de gas natural, planta de absorción, Unidad de Procesamiento Ciudad Pemex. Capacidad instalada y volumen procesado, 1970-1975 187
31. Procesamiento de gas natural, planta criogénica, Unidad de Procesamiento Ciudad Pemex. Capacidad instalada y volumen procesado, 1975 187

32. Volúmenes de gas de formación, enviados al proceso más utilizado en bombeo neumático en la Zona Sur, 1970-1975 188
33. Producción de gas natural por regiones, 1977-1982 188
34. Total de pozos de exploración por zonas y distritos, 1977-1982 189
35. Total de pozos de desarrollo por zonas y distritos, 1977-1982 190
36. Pozos de exploración de gas por zonas y distritos, 1977-1982 191
37. Pozos de desarrollo de gas por zonas y distritos, 1977-1982 192
38. Relación gas/aceite promedio, en los campos de Tabasco-Chiapas 193
39. Balance nacional de energía, 1984 194
40. Pozos de exploración y de desarrollo de gas en distritos productores de gas no asociado, 1982-1985 195
41. Campos de aceite y de gas descubiertos, 1982-1985 196
42. Relación reservas/producción (R/P) de gas, 1982-1985 196
43. Movimientos realizados en ductos, 1971-1978 196

Mapa 1. Principales zonas productoras de gas natural 197

44. Gasoductos en operación a fines de 1976 198
45. Gasoductos en operación a fines de 1982 199
46. Movimientos realizados de gas natural, 1981-1985 202
47. Gasoductos en construcción o diseño a fines de 1982 203
48. Participaciones por sectores en el consumo de gas natural, 1970-1985 204

Mapa 2. Gasoductos en operación a fines de 1982 205

49. Ventas internas de gas natural por sectores y ramas, 1983-1985 206
50. Composición porcentual del valor de las exportaciones totales de Pemex, 1970-1982 207
51. Balanza comercial de hidrocarburos y derivados de Pemex, 1970-1982 207
52. Balanza comercial de hidrocarburos y derivados de Pemex, 1983-1984 208

FUENTES BIBLIOGRÁFICAS

Documentos oficiales

Banco de México, *Indicadores económicos*, México, 1984.

Comisión Intersecretarial SEPAFIN-SPP, *Las reservas de la formación Chicontepec*, México, mayo, 1980.

Instituto Mexicano del Petróleo (IMP) Subdirección de Estudios Económicos y Planeación Industrial, *Plan de desarrollo de la industria petrolera y petroquímica básica, 1976-1985*, México, 1975.

____, Subdirección de Estudios Económicos y Planeación Industrial. División de Conservación de Energía, "Efectos económicos comparativos al diferir la producción de crudo para no desaprovechar su gas natural asociado", México, 1977.

____, "Estimación de los ingresos por ventas de hidrocarburos, así como costos y gastos de Petróleos Mexicanos durante 1980", México, 1980

Pemex, *Memoria de labores*, México, varios años.

____, *Anuario estadístico*, México, varios años.

____, Gerencia de Análisis y evolución del Mercado Internacional, *Estadísticas seleccionadas*, México, 1984.

____, *Documentos internos de la Gerencia de Ventas*, México.

____, *Estadísticas de uso interno*, mimeo., México, 1981.

____, Gerencia de Contabilidad, *Reportes Contables Cuantitativos, 1985* y *1986*, México.

____, Subdirección de Producción Primaria, *Plan operacional, 1985-1989*, México, 1985

____, *Plan de la industria petrolera, 1970-1980*, México, 1969.

____, Superintendencia general de gas y gasolina, *Informes internos*, México, 1971.

____, Subdirección de Producción Primaria, *Documento de trabajo interno*, México, octubre, 1986.

____, "Gas natural una alternativa para el desarrollo", ponencia presentada por el ingeniero Jorge Díaz Serrano, en el simposium: *Gas natural, realidad y expectativas*, Lima, Perú, mayo, 1987.

____, *Contrato de venta de gas mexicano. Estados Unidos-México*, México, octubre, 1983.

____, Subdirección de Planeación y Coordinación, *Balance de Energía, 1982*, México, julio, 1983.

____, *Línea troncal de distribución de gas natural.* El Director general de Pemex, ingeniero Jorge Díaz Serrano, ante la H. Cámara de Diputados, México, D.F., 26 de octubre, 1977.

____, *Plan sexenal de Pemex, 1977-1980*, México, diciembre, 1976.

____, Subdirección de Producción Primaria. Gerencia de Explotación, *Generalidades del proyecto de construcción del gasoducto Cactus-Reynosa*, México, julio, 1977.

____, *Zona petrolífera Mesozoica del Sureste*, México, 1979.

____, *Informes internos*, México, 1983.

____, Subdirección Técnica Administrativa, "Monografía sobre Arabia Saudita", México, enero, 1982.

____, "Monografía sobre Qatar", México, 1982.

Poder Ejecutivo Federal, *Programa nacional de energéticos, 1984-1988*, México, 1984.

____, *Plan nacional de desarrollo industrial, 1979-1982*, México, 1979.

____, *Plan global de desarrollo, 1980-1982*, México, 1980.

____, *Programa de Energía, 1980*, México, 1980.

Secretaría de Relaciones Exteriores, *Memorándum de las conversaciones sostenidas en la Secretaría de Relaciones Exteriores, en relación al precio del gas natural exportado a Estados Unidos*", México, D.F., 14 de abril, 1980.

SEPAFIN *Programa de energía, metas a 1990 y proyecciones al año 2000* (resumen y conclusiones), México, 1980.

Libros

Bermúdez, Antonio J., *La política petrolera mexicana*, Joaquín Mortiz, México, 1976.

____, *Doce años al servicio de la industria petrolera mexicana, 1947-1958*, Editorial Comaval, México, 1960.

British Petroleum, *Gas Making and Natural Gas*, Londres, 1972.

____, *Statistical Review of World Energy*, junio, 1986.

Bullard, Fredda J., *Mexico's Natural Gas. The Beginning of An Industry*, Bureau of Business Research, The University of Texas, Austin, Estados Unidos, 1968.

Campbell, Robert W., *Trends in the Soviet Oil and Gas Industry*, The Johns Hopkins University Press, Baltimore y Londres, 1976.

Castillo, Heberto, *Huele a gas. Los misterios del gasoducto*, Editorial Posada, México, 1977.

Durán, Esperanza, *Guerra y revolución: las grandes potencias y México, 1914-1918*. El Colegio de México, México, 1985.

Grayson, George, *The Politics of Mexican Oil*, Pittsburgh University Press, Pittsburgh, Pennsylvania, 1980.

Guzmán, Óscar, *Las finanzas de Petróleos Mexicanos* (en prensa), Programa de Energéticos, El Colegio de México.

International Energy Agency (IEA), *Natural Gas Prospects* OECD, París, 1986.

Mortimer, Glenn W., *Issues in Natural Gas Production and Utilization*, Chem System Inc., Tarrington, Nueva York, 1984.

Mossavar-Rahmani, Bijan, *Natural Gas trade in Transition*, Energy and Environmental Policy Center, Harvard University, Number One, Cambridge, Massachusetts, 1987.

NAFINSA, *La economía mexicana en cifras*, México, 1981.

Peebles, Malcom N.H., *Evolution of the Gas Industry*, MacMillan, London, 1980.

Petróleos de Venezuela, S.A., *Perspectivas del gas natural en Venezuela, 1982-2000*, mayo de 1982.

Prieto, Sotero, "Transporte y distribución interna de hidrocarburos", documento de trabajo, Programa de Energéticos, El Colegio de México, agosto de 1985.

Puente Leyva, Jesús, "El gas natural. Negociaciones México-Estados Unidos", mimeo., México, 1980.

Rivera Ríos, Miguel Ángel, *Crisis y reorganización del capitalismo mexicano, 1960-1985*, Ediciones ERA, México, 1986.

Ruiz, Rogelio, *La capacidad tecnológica propia y la dependencia del exterior en el sector petrolero*, en prensa, Programa de Energéticos, El Colegio de México.

Russel, Jeremy, *Geopolitics of Natural Gas*, Ballinger Publishing, Co., Cambridge, Mass., 1983.

Segal, Jeffrey y Frank E. Niering Jr., "Special Report on World Natural Gas Pricing", *Petroleum Economist*, vol. XLVII, núm. 9, The Petroleum Press, Bureo, Ltd., Londres, septiembre, 1980.

Serrato, Marcela, "Las vicisitudes del plan energético de Carter", *Foro Internacional*, vol. XVIII, núm. 4, El Colegio de México, 1978.

Snoeck, Michele, *La industria petroquímica básica*, Programa de Energéticos, El Colegio de México, México, 1985.

Sordo, Ana María, "Producción de petróleo crudo y gas natural en México, 1970-1982. Factores que condicionaron las estrategias", documento de trabajo, Programa de Energéticos, El Colegio de México, 1985.

Sordo, Ana María, *Exploración, reservas y producción de petróleo en México, 1970-1985* Programa de Energéticos, El Colegio de México, México, 1988.

Stobaugh, Robert y Daniel Yerguin, "Conciliación con la crisis de energéticos", *Facetas*, vol. 12, núm. 3, 1979.

Tussing, Arlen y Connie C. Barlow, *The Natural Gas Industry. Evolution, Structure and Economies*, Ballinger Publishing, Co., Cambridge, Massachusetts, 1983.

United States Department of Energy, *New Policy Guidelines and Delegation Orders on the Regulation of Imported Natural Gas*, Washington, D.C., febrero, 1984.

Valenzuela Feijoo, José, *El capitalismo mexicano en los ochenta*, Ediciones ERA, México, 1986.

Willars, Jaime Mario, *El petróleo en México: efectos macroeconómicos, elementos de política y perspectivas*, Programa de Energéticos, El Colegio de México, México, 1984.

Artículos y documentos

Banamex, *Examen de la situación económica de México*, México, febrero-septiembre, 1982.

Banks, Ferdinand E., La economía política del gas natural en los países de Europa Occidental, *Cuadernos sobre Prospectiva Energética*, núm. 47, Programa de Energéticos, El Colegio de México, México, abril, 1984.

Boltvinik, Manuel, "El proceso de planeación energética entre 1979 y 1984", documento de trabajo, Programa de Energéticos, El Colegio de México, 1985.

Cambridge Energy Research Associates, *The Soviet Union and World Energy Markets*. Part One. Gorbachov's Energy Crisis, Private Report, Cambridge, Massachusetts, 1985.

Carrión Rodríguez, Eugenio, "Producción y aprovechamiento del gas natural", IEPES, *Consulta popular para la planeación. Tema: Energéticos*, México, 1982.

Congressional Research Service. Library of Congress. *Mexico's Oil and Gas Policy; An Analysis*, diciembre, 1978, Washington, D.C., Estados Unidos, 1979.

Cox, Loren C., "Canada-US Natural Gas Trade", Energy Newsletter, vol. 7, núm. 1, Estados Unidos, 1986.

Davis, Jerome D., "The Political Economy of European Natural Gas Markets", *Cooperation and Conflict*, núm. XVII, Londres, 1983.

Del Villar, Samuel I., "El conflicto de intereses en el mercado mexicano-estadounidense de energéticos", *Foro Internacional*, vol. XIX, núm. 2, octubre-diciembre, 1978, El Colegio de México, México.

———, "México país petrolero. Perfiles históricos y problemas futuros", ponencia presentada al ciclo de discusiones: *Universidad nacional y los problemas nacionales*, 19 de marzo, 1979.

Domínguez Vargas, Guillermo C., "Costos de descubrimiento y desarrollo de reservas probadas de hidrocarburos en México, 1965-1984", *Ingeniería Petrolera*, vol. XXVII, núm. 2, febrero, 1987, México.

Fagen, Richard y Henry Nau, "Mexican Gas: The Northern Connection". Documento presentado en la conferencia: *U.S. Foreign Policy and Latin American and Caribbean Regimes*, Washington, D.C., 27 al 31 de marzo, 1978.

García Rojas, Antonio, "La producción de gas y su utilización en la República Mexicana", conferencia dictada ante la Asociación de Geólogos Petroleros, 16 de febrero, 1973.

Gastélum, Raúl, "La política de comercialización interna de Pemex, 1970-1980", documento de trabajo, Programa de Energéticos, El Colegio de México, marzo, 1982.

Gutiérrez Cantú, Jesús, "Economía de los energéticos: el gas natural en México como un problema de asignación de recursos". Investigación realizada para la obtención de la maestría en Economía, Universidad Autónoma de Nuevo León, 1979.

Instituto de Estudios Políticos, Económicos y Sociales (IEPES) del Partido Revolucionario Institucional, Comisión de Energéticos, *Algunas observaciones sobre el principal potencial petrolero de México, sonda de Campeche y Mezosoico, Chiapas-Tabasco*, México, 1982 (actualizado en 1984).

Kraft, Joseph, "A Reporter at Large. The Mexican Oil Puzzle", *The New Yorker*, 15 de octubre, 1979.

Lee, Henry, "Natural Gas Trade in North America: Opportunities and Obstacles", Discussion paper series, Energy and Environmental Policy Center, Harvard University, Cambridge, Massachusetts, enero, 1986.

Márquez, Miguel H. "Las lecciones del Ixtoc-1", *Cuadernos de prospectiva energética*, núm. 48, Programa de Energéticos, El Colegio de México.

Morales, Isidro, "Las negociaciones del gas entre 1977 y 1979", *Foro Internacional*, vol. XXVI, abril-junio, 1986, núm. 4, El Colegio de México, México, 1986.

National Economic Research Associates Inc. (NERA), "Mexico-Potential Petroleum Giant", mimeo., Washington, D.C., 15 de septiembre, 1978.

Nehring, Richard D., *The Future of North American Oil Production. II. The United States of America*, working draft, preparado para el Departamento de Energía de Estados Unidos, septiembre, 1981.

Pellicer de Brody, Olga "U.S. Concerns Regarding Mexico's Oil and gas; Evolution of the Debate", working papers, *US-Mexican Studies*, University of California, San Diego, 1980.

——, "El acuerdo para la venta de gas a Estados Unidos. Una conciliación necesaria", *Proceso*, 22 de octubre, 1979, México.

Supplemental Natural Gas Sources: Factors and Policy Issues, Informe preparado para el Subcomité de Energía, Comité de Comercio Interestatal y Exterior de la Cámara de Representantes de Estados Unidos, Washington, D.C., junio, 1978.

Vargas, Rosío, "Las negociaciones entre México y Estados Unidos por la venta de gas natural y el deterioro de las relaciones bilaterales", documento de trabajo, Programa de Energéticos, El Colegio de México, 1986.

Vietor, Richard H.K., "The Political Economy of Natural Gas: Mexico and The United States", Harvard Business School, documento preparado para el simposium sobre Canadá y México: *Comparative and Joints Politics of Energy*, UCR-NA, 9 y 10 de abril, 1981.

World Bank, "Marginal Cast of Natural Gas in Developing Countries: Concepts and Applications", World Bank Energy Department, Washington, D.C., agosto, 1983.

Publicaciones periódicas

Business Week, McGraw-Hill, Inc., Nueva York.

Comercio exterior, Banco Nacional de Comercio Exterior, México, varios números

Diario oficial, Poder Ejecutivo Federal, México.

El Día, México.

El mercado de valores, Nafinsa, México, varios números.

Excélsior, México, varios números.

Ingeniería Petrolera, Asociación de Ingenieros Petroleros de México, A.C., México.

International Gas Report, Financial Times, Londres.

La Jornada, México.

Newsweek, Newsweek, Inc., Nueva York.

Oil and Gas Journal, The Energy Group of Penwell Publishing, Co., Tulsa, Oklahoma.

Oil Daily, Nueva York.

Petróleo Internacional, Time, Inc., México.

Petroleum Intelligence Weekly, Petroleum and Energy Intelligence Weekly, Inc., Nueva York.

Proceso, Cisa, Comunicación e Información, S.A., México.

The Energy Journal.

The New Yorker, The New York Times, Nueva York.

The New York Times, Nueva York.

The Wall Street Journal, Nueva York.

Uno más Uno, México.

Este facsimilar de
La industria del gas natural en México
1970-1985
es propiedad de El Colegio de México
y se terminó de imprimir en Librántida bajo el
modelo de distribución bajo demanda.
www.librantida.com

Made in United States
North Haven, CT
04 November 2026

21771203R00134